EXAMEN

DES CHEVAUX

ET DES BÊTES BOVINES

EN VENTE

— ⚬ —

DES QUALITÉS QU'ON DOIT RECHERCHER CHEZ CES ANIMAUX
D'APRÈS LE SERVICE AUQUEL ON LES DESTINE

RUSES ET MOYENS FRAUDULEUX EMPLOYÉS PAR LES VENDEURS

MOYEN DE CONNAÎTRE L'ÂGE DU CHEVAL ET DU BŒUF, — LEURS ROBES ET LEURS
PARTICULARITÉS, — LEURS ALLURES ET LEURS DÉFECTUOSITÉS ; — SUIVIS
DES TABLEAUX SYNOPTIQUES, APPROPRIÉS A L'ÂGE DU CHEVAL ; —
VICES RÉDHIBITOIRES ET LEUR NOUVELLE LOI, MODIFICATION
DE CETTE DERNIÈRE ANNONCÉE DANS LE NOUVEAU
PROJET DU CODE RURAL

PAR

M. ANDRÉ SOULEIL

MÉDECIN-VÉTÉRINAIRE , A AGEN (LOT-ET-GARONNE)

MEMBRE DE PLUSIEURS SOCIÉTÉS HIPPIQUES, VÉTÉRINAIRES ET AGRICOLES ; — VÉTÉRINAIRE
ACHETEUR DE PLUSIEURS GRANDES SOCIÉTÉS D'ENTREPRISES PUBLIQUES, ETC.

> Le Cheval et le Bœuf sont les animaux les
> plus utiles à l'Homme ; — leur domesticité
> les rend indispensables à ses besoins.

— ⚬ —

AGEN

IMPRIMERIE DE PROSPER NOUBEL

—

1870

INTRODUCTION
ET
PLAN DE L'OUVRAGE.

En publiant ce petit ouvrage, je n'ai d'autre but que de répandre les connaissances élémentaires et pratiques qu'exige le choix de bons animaux de service.

Désirant être utile surtout aux hommes qui ne pouvant, à cause de leurs habitudes et de leur position, se livrer à des études suivies, sont cependant, par goût, par utilité, ou par état, journellement appelés à acheter, à exercer et à élever les utiles animaux qui font l'objet de mon examen ;

Pratiquant la médecine vétérinaire depuis plus de vingt ans, dans une contrée justement renommée par l'importance de ses foires et marchés d'animaux de toutes les races, surtout pour l'espèce CHEVALINE et BOVINE, j'ai pu répondre avantageusement à la confiance qu'ont bien voulu m'accorder un grand nombre de clients honorables, pour l'acquisition de leurs animaux.

Vétérinaire-acheteur de plusieurs grandes sociétés d'entreprises publiques, dont quelques-unes occupent, pour leurs importants et variés services, un très-grand nombre d'animaux de différentes races, j'ai pu, dans les *nombreux* et *difficiles* achats que ces fonctions m'obligent à faire depuis longtemps, acquérir, dans cette partie épineuse de ma profession, une grande habitude.

J'avoue que ma position m'a mis à même de rencontrer beaucoup de difficultés qui se présentent du reste presque toujours dans un commerce dont le sujet se prête malheureusement si bien à la fraude et à l'escroquerie; dans beaucoup de ces sortes d'affaires, j'ai souvent constaté que les inconvénients et les plus grandes difficultés provenaient plutôt de la mauvaise foi du vendeur, que des défauts de l'animal vendu.

Aussi ai-je voulu, en publiant ce MANUEL, non-seulement faire connaître à mes lecteurs les bonnes qualités qu'ils doivent rechercher chez les animaux destinés à leur service, mais encore les avertir, les instruire, sur les *ruses* et les divers moyens frauduleux employés par les vendeurs :

En leur faisant apercevoir les procédés mis en usage pour masquer les défauts, les tares de l'animal en vente, et les manœuvres adroites et trompeuses employées par certains maquignons dans les conventions et garanties formulées par eux, je suis sûr de leur éviter un grand nombre d'inconvénients, toujours fortement nuisibles à leurs intérêts.

J'ai pensé être utile à beaucoup de personnes en

indiquant, dans mon ouvrage, les moyens pratiques pour
connaître, chez les espèces qui m'occupent, leurs bonnes
allures et leurs défectuosités, leurs robes et leurs particularités, et surtout l'âge du cheval et du bœuf par
l'inspection des dents et des cornes. J'ai mis en regard,
par des tableaux synoptiques et des planches, les signes
fournis par les dents du cheval, persuadé que ce moyen
aura le double avantage d'éviter les recherches des observations éparses, et de mettre les principes établis à la
portée de tout le monde.

Enfin, j'ai cru devoir compléter mon instruction, en
disant un mot de la garantie due par le vendeur et
l'échangiste, suivant les dispositions du Code civil, mo-
difiées par la loi du 20 mai 1838, en donnant à la suite
la connaissance des vices rédhibitoires et de leur nouvelle loi, et de plus les modifications de cette dernière,
annoncées dans le nouveau projet de loi sur le Code
rural.

J'ai l'espoir que ce recueil sera utile et instructif,
non-seulement pour les classes laborieuses qui donnent
des soins manuels aux animaux, mais encore aux
hommes de l'art, qui n'ont eu ni le temps ni l'occasion
de mettre en pratique les connaissances théoriques qu'ils
possèdent sur cette branche difficile de l'étude extérieure
des animaux, réclamant toujours, pour être avantageusement exercée, une grande et longue expérience.

Il sera profitable surtout à l'amateur, à l'éleveur et aux propriétaires instruits, qui, par goût ou par besoin, sont souvent obligés de posséder et d'acquérir les animaux que je me propose d'examiner dans toutes les conditions déjà indiquées.

En résumé, j'ai voulu réunir dans un petit volume, d'un prix accessible aux différentes bourses, une instruction aussi abrégée que possible, afin que sa rédaction, mise à la portée de toutes les intelligences, me fasse obtenir ce triple résultat, savoir :

1° Donner les moyens de faire connaître et d'acquérir, pour tous les services, les meilleurs animaux dans l'espèce *Chevaline* et *Bovine ;*

2° Rendre cette acquisition plus facile et ce choix moins onéreux, en démasquant la fraude dans les manœuvres du marché, ainsi que chez l'animal vendu;

3° Dans le cas d'acquisition d'animaux atteints de vices rédhibitoires, exposer les moyens de faire valoir ses droits en garantie, et éviter des procès aux parties intéressées.

Si ma publication peut rendre quelques services, mon but sera atteint: j'aurai été utile.

EXAMEN DES CHEVAUX

ET DES

BÊTES BOVINES,

EN VENTE.

PRÉAMBULE

Indiquant les différentes régions du corps des animaux des espèces
Chevaline et Bovine.

Avant d'examiner dans leurs divers services, ou expo-
sés en vente, les animaux faisant le sujet de notre ouvrage,
nous avons cru utile d'indiquer, dans ce préambule, les
différentes régions de leur corps, pensant que ce résumé
serait avantageux au but de notre manuel et surtout indispensable aux personnes complétement étrangères à l'étude
de l'extérieur du cheval et du bœuf.

Quoique n'appartenant pas à la même espèce, les régions
du corps de ces animaux portent le même nom et occupent
la même position, sauf quelques légères différences chez le
bœuf, que nous ferons connaître en indiquant des particularités de conformation.

Nous nous contenterons, dans cet examen, de désigner et
d'indiquer la place de ces diverses parties, sans en faire une
étude spéciale; les caractères de chacune de ces régions

devant être appliqués dans les divers services que nous
allons passer en revue.

Pour faciliter cette énumération, nous établirons dans
le corps de l'animal deux principales divisions, savoir :
Le *tronc* et les *membres.*

Première Division.

Le *tronc* est la partie centrale du corps ; il se subdivise
en un grand nombre de régions qui sont, savoir :

1° La *tête* formant la partie antérieure du tronc, placée à
l'extrémité de l'encolure ;

2° La *nuque,* qui est le point d'union de l'encolure à la
tête ; cette région, plus large dans l'espèce bovine, est
située derrière le chignon : c'est sur elle que repose le
joug ;

3° Le *toupet,* qui est un bouquet de crins situé sur la partie saillante de la nuque ;

4° Le *front,* ayant pour base l'os frontal et le pariétal ; il
fait suite à la nuque, et se trouve borné inférieurement par
le chanfrein et sur les côtés par les tempes, les yeux et les
salières. Dans l'espèce bovine, le front est plus large et se
termine supérieurement par une grosse protubérance trans-
versale appelée *chignon,* et des deux côtés de laquelle se
détachent les cornes ;

5° Le *chanfrein.* Cette région a pour base les os sus-
naseaux et la face externe des mâchoires. Chez le bœuf,
on appelle *larmier* la partie de cette région située au-
dessous de l'œil ;

6° Le *tout du nez* est l'espace compris entre les deux

naseaux, qui se prolonge en se confondant avec la lèvre supérieure. Chez le bœuf cette région s'appelle *mufle*;

7° Les *naseaux* sont les ouvertures externes des narines; ils sont plus petits chez les bêtes bovines que chez le cheval ;

8° Les *oreilles* sont deux cornets cartilagineux placés de chaque côté de la nuque ; quand elles sont pendantes et qu'elles tombent en dehors, on les appelle *oreilles de cochon*. Chez le bœuf, elles sont plus grandes et plus velues ;

9° Les *tempes* sont des saillies osseuses formées par l'arcade temporaire ;

10° Les *salières* sont les deux cavités situées au-dessus de l'œil ;

11° Les *joues* sont situées sur le côté de la tête ;

12° Les *ganaches* sont formées par le bord postérieur et refoulé des deux branches de l'os de la machoire inférieure qui forment la cavité de l'auge. Dans l'espèce bovine, elles sont plus écartées que dans le cheval ;

13° L'*auge* est circonscrite par les ganaches et forme une cavité qui a pour fond la base de la langue ;

14° La *barbe*. On a donné ce nom à la réunion de deux branches du maxillaire, situées en arrière de la houppe du menton, à l'endroit où se porte la gourmette chez le cheval ;

15° La *bouche* est l'ouverture circonscrite par les deux lèvres ; l'intérieur de cette région renferme diverses parties, dont l'étude présente beaucoup d'intérêt et que nous indiquerons ;

16° Les *lèvres* forment l'ouverture de la bouche ; on les distingue en supérieure et inférieure. Les lèvres du bœuf sont plus épaisses, moins fendues et moins mobiles que chez le cheval ;

17° Les *barres* ont pour base la partie du bord du maxillaire située entre les dents incisives et l'arcade molaire ; elles sont recouvertes par une muqueuse épaisse et sensible, sur laquelle se fait l'appui du mors de la bride chez le cheval ; suivant leur conformation elles sont *arrondies* ou *tranchantes* ; le frottement répété du mors peut les rendre *calleuses* et *insensibles*. Ces dernières conditions constituent chez le cheval un grave défaut, pouvant le faire devenir dangereux dans le service ; aussi doit-on employer un canon de mors d'autant plus mince que les barres seront plus arrondies et moins sensibles ; le canon sera épais si cette région offre une grande sensibilité ;

18° La *langue* est logée dans la bouche, elle peut s'étendre en dehors pour prendre les aliments. Celle des bêtes bovines est plus longue et plus rude que celle du cheval ;

19° Le *canal* est l'espace situé entre les branches du maxillaire et dans lequel se trouve logée la langue ;

20° Le *palais*. Cette région a pour base la face palatine du grand sus-maxillaire, et présente des sillons transversaux : c'est dans cette région qu'on saigne quelquefois le cheval pour lui enlever les *lampas* ;

21° Les *gencives* ne sont autre chose que la partie de la muqueuse de la bouche qui enveloppe la base des dents, en les consolidant dans les alvéoles ;

22° Les *dents* sont les instruments de mastication ; elles se divisent en incisives et en molaires, les premières occupant l'extrémité de chaque mâchoire, où elles sont rangées en demi-cercle ; les molaires sont situées au fond de la bouche et rangées de chaque côté de la mâchoire ; entre ces deux espèces il existe d'autres dents manquant chez certains sujets et qu'on appelle crochets ou canines. Dans les ruminants, l'arcade incisive supérieure est remplacée par un bourrelet ;

23° L'*encolure* prolongée est le bras de levier qui supporte la tête ; elle comprend le gosier, la gorge et la crinière ; elle peut être *droite*, quand elle a cette direction ; *rouée*, quand elle décrit une courbe plus ou moins prononcée dans son bord supérieur ; quand elle n'est rouée qu'à son extrémité, on l'appelle *encolure de cygne* ; et enfin, quand elle offre une conformation opposée à l'encolure rouée, elle est appelée *encolure de cerf* ;

24° Le *gosier* a pour base principale la trachée et les muscles externo-maxillaires ;

25° La *gorge* est la partie supérieure du gosier qui s'engage dans l'auge pendant le mouvement de flexion de la tête ;

26° La *crinière* est la garniture de crins que porte le bord supérieur de l'encolure, s'étendant depuis le toupet jusque vers le milieu du garrot. Dans l'espèce bovine, l'encolure est dépourvue de crinière et présente à son bord inférieur un repli de la peau se prolongeant jusque sous le poitrail, et que l'on nomme *fanon* ;

27° Le *garrot* est la région qui vient après le bord supérieur de l'encolure, il est formé par les apophyses épineuses des cinq ou six vertèbres dorsales qui suivent la première. Cette partie est souvent le siége de plaies contuses désignées sous le nom de *mal de garrot* ;

28° Le *dos* est la région faisant suite au garrot et qui a pour base les douze dernières vertèbres dorsales ; s'il est trop concave, on le dit *ensellé* ; si au contraire il est convexe, on le nomme alors *dos de mulet* ou *dos de carpe* ;

29° Les *reins* font suite au dos et ont pour base le muscle iliospinal soutenu par les vertèbres lombaires ; lorsque cette région dépasse de chaque côté l'épine lombaire, on dit alors que les *reins sont doublés ;*

30° La *croupe* a pour base les os coxaux, le sacrum, les muscles iliotrochantériens et les prolongements sacrés des ischio-tibiaux. Elle peut être double comme les reins ; elle est appelée *tranchante* ou *croupe de mulet,* quand les masses musculaires qui la composent forment un plan incliné de chaque côté de l'épine sacrée qui s'élève dans le plan médian. Elle est dite *horizontale* quand elle suit la même direction que les reins ; quand la croupe va en s'abaissant, de la partie antérieure à la partie postérieure, on dit alors qu'elle est *avalée* ou *descendue ;* enfin, on la dit *coupée* quand ce dernier défaut est poussé à l'excès ;

31° La *hanche* est une région qui se confond presque entièrement avec la croupe et forme avec elle le premier rayon du membre postérieur ;

32° La *queue* termine la partie postérieure du tronc ; sa forme et sa position influent beaucoup sur l'élégance du cheval ; lorsque les crins qui la garnissent sont entiers et le tronçon intact, on dit que le cheval est à *tous crins ;* quand on a retranché une certaine longueur du tronçon, on dit le cheval *écourté, courte queue ;* quand on a pratiqué une opération désignée, à cause de son origine, *queue à l'anglaise,* le cheval ainsi opéré s'appelle *anglaisé* ou *niqueté.* Chez les bêtes bovines, la queue n'a pas les crins disposés de la même manière ; ils se trouvent réunis en un bouquet, placé à son extrémité, que l'on appelle *toupillon ;*

33° Le *poitrail* placé au-dessous du bord inférieur de l'encolure entre les deux angles des épaules, a pour base la partie antérieure de l'externum et les muscles environnant ce dernier ;

34° L'*ars* est la région qui sépare le poitrail de l'avant-bras ; c'est le point d'union du membre antérieur avec le tronc ;

35° L'*inter–ars* est l'espace situé entre les deux ars ;

36° Le *passage des sangles* est la région située à la suite de l'inter–ars et du coude en avant du ventre ;

37° La région des *côtes* a pour base toutes leurs semblables qui ne sont pas cachées par l'épaule : elles peuvent être *plates* ou *rondes*, suivant qu'elles sont plus ou moins convexes ;

38° Le *ventre* est situé entre le passage des sangles, les aînes, les côtes et les flancs ; il a pour base les muscles des parois inférieures de l'abdomen ; lorsqu'il est trop volumineux, on le dit *avalé* ou *ventre de vache*; si, au contraire, il est trop peu développé et qu'il soit resserré vers les flancs, on le dit *étroit du boyau, lévretté, retroussé*. Dans l'espèce bovine, le ventre est toujours plus volumineux, principalement chez la vache qui a produit plusieurs fois ;

39° Le *flanc* a pour base principale la portion charnue du muscle ilio–abdominal ; il n'est qu'un prolongement du ventre entre les côtes et la hanche jusqu'aux reins. On appelle *corde du flanc*, la partie médiane oblique du muscle précité ; lorsque cette corde est saillante, on dit que le flanc est *cordé ;* quand ce dernier offre une rétraction, on dit qu'il est *retroussé ;* dans le flanc du cheval poussif, on appelle *soubressaut* une secousse qui interrompt les deux temps naturels des mouvements d'expiration et d'inspiration ;

40° L'*anus* est un bourrelet formant sphincter, situé sous la base de la queue ;

41° Le *périné* ou *raphé* est l'espace compris entre les deux cuisses, depuis l'anus jusqu'aux organes génitaux.

Organes génitaux du mâle.

1° Les *testicules* au nombre de deux sont placés à la région inguinale, renfermés dans une poche qu'on appelle *bourses* ; cette région est très-sujette à la maladie des hernies ;

2° Le *fourreau* est le repli de la peau dans lequel se trouve logée la verge, dans un état de relâchement. Le fourreau des ruminants est plus étroit et plus allongé que dans le cheval ;

3° La *verge* est l'organe destiné à la reproduction, située dans son état ordinaire dans l'enveloppe du fourreau. La verge du bœuf est plus longue, plus grèle, et moins extensible que celle du cheval.

Organes génitaux de la femelle.

1° La *vulve* est l'orifice externe de l'appareil génital et urinaire de la femelle ; elle constitue une fente verticale située au-dessous de l'anus, dont elle est séparée par le périné ;

2° Les *mamelles*, situées dans la même région que les testicules chez le mâle, sont plus ou moins apercevables suivant les quantités de lait qu'elles contiennent. Dans l'espèce bovine les mamelles ont reçu le nom de *pis ;* elles forment, comme chez la jument, deux éminences séparées l'une de l'autre par un sillon ; elles sont terminées par un mamelon qui porte chez la vache le nom de *trayon.* Certains caractères de conformation de ces organes sont précieux à connaître chez la vache laitière. (*Voyez cette dernière dans le service.*)

Deuxième Division.

MEMBRES.

Les *membres* sont quatre appendices destinés à soutenir le corps dans la station et à le transporter dans les différentes allures : on les distingue en membres antérieurs ou thoraciques, et en membres postérieurs ou abdominaux.

Section Première. – *Membres antérieurs.*

1° L'*épaule et le bras* sont deux régions ordinairement confondues ensemble, ayant pour base le scapulum et l'humérus, qui forment à leur articulation un angle droit, dont le sommet, apparent en dehors, constitue la *pointe de l'épaule* ;

2° L'*avant-bras* est formé par l'os radius, recouvert en arrière et en dehors par les muscles fléchisseurs et extenseurs du canon et du pied ;

3° La *chataigne* est une plaque cornée située à la face interne de l'avant-bras du cheval ;

4° Le *coude* est cette région qui forme une saillie en avant du passage des sangles ; cette partie est sujette à une maladie désignée sous le nom d'*éponge ;* les chevaux qui en sont atteints se *couchent en vache ;*

5° Le *genou* est une articulation réunissant l'avant-bras et le canon ; il a reçu certains noms suivant la ligne qu'il doit suivre avec l'avant-bras et qui doit être droite. Il peut être : 1° *en avant,* il est *arqué ;* 2° *en arrière,* il est alors *genou creux ;* 3° *en dehors,* on l'appelle alors *genou cambré ;* 4° *en dedans,* alors il est appelé *genou de bœuf.*

Les régions situées au-dessous du genou présentent une grande ressemblance avec celles situées au-dessous du jarret ; nous les examinerons ensemble pour les deux membres, après la description des régions supérieures de chacun d'eux.

Section II. — *Membres postérieurs.*

1° La *cuisse* est une région située au-dessous de la croupe, entre la fesse d'un côté, le flanc et le garrot de l'autre;

2° La *fesse* est à la partie postérieure et interne de la cuisse, dont elle est séparée par un sillon plus ou moins marqué;

3° Le *grasset* est la région ayant pour base la rotule et le repli de peau qui unit le membre postérieur à l'abdomen désigné sous le nom de *plis du grasset*;

4° La *jambe* est le premier rayon du membre postérieur qui se détache complétement du tronc;

5° Le *jarret* est l'articulation importante et compliquée qui unit la jambe au canon. (*Voyez cheval en vente.*)

6° Le *canon* est la région qui fait suite dans le train antérieur au genou et dans le train postérieur au jarret, et réunit ces deux articulations aux boulets. Cette partie est très-sujette à des exostoses désignées sous le nom de *suros*;

7° Le *tendon* est cette corde épaisse et solide située en arrière du canon ;

8° Le *boulet* est l'articulation qui fait suite au canon et réunit ce dernier avec le pâturon; en arrière du boulet se trouve un paquet de gros poils que l'on nomme *fanon*;

9° Le *pâturon* est un os faisant suite au boulet et qui réunit ce dernier avec la couronne; suivant leur plus ou moins de longueur on les appelle *long-jointés ou court-jointés*. La *couronne* n'est autre chose que la partie inférieure du pâturon; cette région est sujette à une maladie grave désignée sous le nom de *formes;*

10° Le *pied ou sabot* est la partie cornée qui termine les membres; il comprend dans sa structure diverses parties que nous allons désigner :

1° La *parois ou muraille* forme le pourtour du sabot ; on appelle *pince* la partie médiane antérieure; *mamelles* les deux côtés de la pince ;. *quartiers* les deux parties latérales. Les *talons* sont les deux extrémités postérieures se repliant en dedans du cercle extérieur pour former les *arcs-boutants ;*

2° La *sole* est la plaque cornée constituant la partie inférieure du sabot;

3° La *fourchette* offre la forme d'un coin de corne, placé horizontalement à la face inférieure du pied, présentant une certaine élasticité.

Suivant sa forme et ses défectuosités, le pied a pris plusieurs noms que nous nous contenterons d'indiquer : il peut être *grand,* petit, inégal, *plat, dérobé,* étroit, à *talons serrés, encastelé,* à *talon haut,* à *talon bas;* il peut être encore *gras, mou, maigre, panard, cagneux, de travers, pinçard, bot, plein, comble,* à *fourchette maigre* ou à *fourchette grasse.*

Dans les animaux de l'espèce bovine, le pied est formé par deux doigts séparés, appelés *onglons,* pouvant s'écarter l'un de l'autre jusqu'à une certaine distance, et amortir, par ce mouvement d'élasticité, la violence des réactions.

Les maladies et les défectuosités du pied de ces animaux sont beaucoup moins graves et moins nombreuses que chez le cheval; elles ont si peu d'importance qu'elles n'ont même pas besoin d'être indiquées ici.

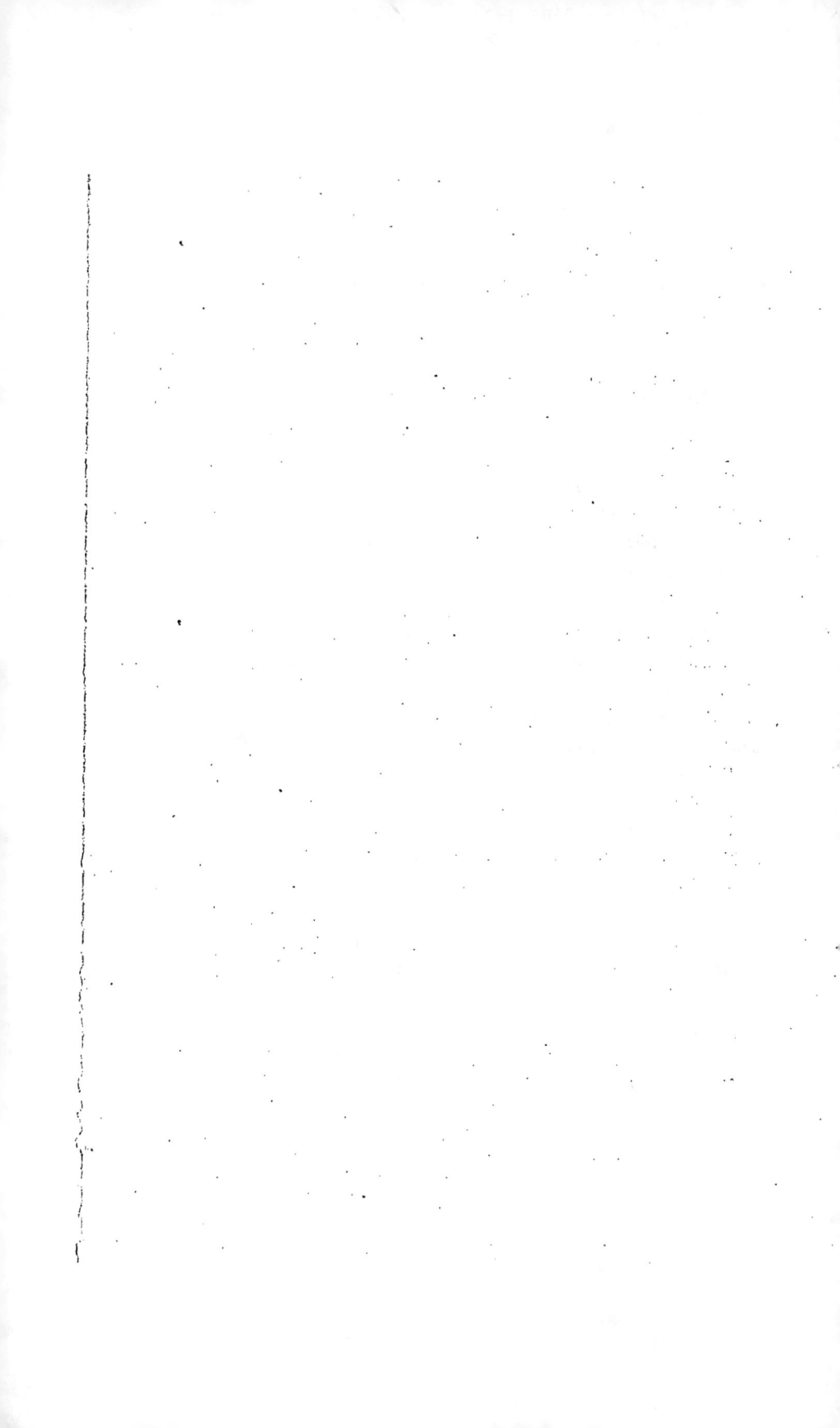

PREMIÈRE PARTIE.

───❦───

DES QUALITÉS QU'ON DOIT RECHERCHER CHEZ LES CHEVAUX D'APRÈS LE SERVICE AUQUEL ON LES DESTINE.

C'est avec raison que le célèbre naturaliste Buffon a dit :
« que le cheval était la plus noble conquête de l'homme. » Il
semble, en effet, que ce fier et utile animal a été créé pour
partager les fatigues et les plaisirs de son maître; sa docilité
et son courage le rendent d'autant plus précieux qu'il semble n'exister que par la volonté de celui qui le dirige, surtout quand ce dernier a su perfectionner à propos ses qualités
naturelles.

La domesticité de ces animaux, qui est si ancienne et si
universelle, a amené parmi eux une foule de différences,
d'autant plus marquées que l'homme les a éloignés davantage de l'état de nature. C'est ainsi que l'on a peine à reconnaître, comme appartenant à la même espèce, les légers
coursiers de l'Arabie, types originaires, et le cheval lourd et
massif de la Flandre et du Boulonnais.

Il est vrai que l'influence du climat, des soins, du régime
et surtout des croisements, sont autant de conditions qui
ont contribué singulièrement à la modification de l'espèce
chevaline, et à donner à ces animaux des variétés de conformation présentant des qualités appropriées aux différents
services qu'ils rendent journellement. L'homme a su, par ces

moyens, former de nombreuses races dans chaque espèce, pour mieux satisfaire ses besoins.

On peut établir dans l'espèce du cheval, sous les rapports des services que rendent les animaux qui la composent, deux grandes divisions, savoir : l'une renfermant les chevaux destinés à porter un cavalier, que nous appellerons *chevaux de selle* ; l'autre comprenant les chevaux destinés à traîner un fardeau plus ou moins lourd, que nous désignerons sous le nom de chevaux de trait.

§ I. — Chevaux de Selle.

Dans le groupe des *chevaux de selle*, nous établirons plusieurs divisions que nous allons passer successivement en revue, en indiquant les qualités de service de chacune de ces divisions qui, rangées par ordre de *sang*, comprennent le *cheval de course*, le *cheval de manége ou de luxe*, le *cheval de voyage* ; j'y ajouterai le *cheval de bat*.

Cheval de Course.

Le cheval de course étant destiné à faire un service particulier et exceptionnel, le but de l'usage des courses en France ayant donné lieu, parmi nos économistes et nos sociétés d'encouragement, à de nombreuses et variées discussions sur leur opportunité, il en est résulté pour ce genre de service de nombreux partisans, mais aussi un grand nombre de détracteurs.

Cette diversité d'opinions a fait naître, à plusieurs époques, des polémiques intéressantes à divers points de vue, d'autant plus qu'elles étaient soutenues par des hommes notables et compétents. Ces circonstances m'engagent, avant de faire connaître les qualités qui conviennent aux meilleurs coursiers, à dire un mot sur l'institution des courses dans nos pays, pensant que quelques-uns de mes lecteurs ne seront pas fâchés de savoir le but qu'on s'est proposé en créant ce mode d'encouragement.

L'institution des courses de chevaux en Angleterre remonte à plusieurs siècles, mais ce ne fut qu'au dernier que des règles fixes, de véritables lois de courses furent établies; et ce qui autrefois ne servait que comme un amusement, auquel ne prirent guère part que les hautes classes de la société, devint plus tard un sujet d'émulation, et le moyen le plus sûr de constater la supériorité de cette race régénératrice qu'on est convenu de désigner sous le nom de *pur sang*.

Il paraît que les courses avaient été en usage en France, dans l'ancien temps; car on rapporte que Chilpéric Ier fit relever un cirque, qui avait été construit par les Romains. Mais dans les temps modernes, elles furent pratiquées chez nous longtemps après l'avoir été en Angleterre.

On parle de celles qui eurent lieu dans la plaine des Sablons, en 1776; mais ces luttes n'avaient alors d'autre but que de satisfaire la vanité de quelques grands seigneurs, qui présentèrent dès lors, non des chevaux de races françaises, mais uniquement des coursiers anglais amenés à grand frais dans notre pays, et dont presque aucun n'était destiné à la reproduction, en sorte que l'amélioration de nos propres races n'en tirait aucun parti.

Le bouleversement qu'amena la Révolution et les longues et sanglantes guerres qui en furent la suite, causèrent la destruction presque totale de tous les grands établissements publics ou particuliers dans lesquels on entretenait jusque là des étalons et des juments de race supérieure, et furent la cause de la dégénération générale de l'espèce chevaline en France.

Les différents gouvernements qui s'étaient succédés, occupés uniquement par les guerres qu'ils soutenaient contre l'Europe coalisée, ou par les dangers sans cesse renaissants qui les environnaient et qui les menaçaient dans le sein de la France, avaient entièrement abandonné la reproduction du cheval à l'industrie particulière, qui elle même constamment frappée de réquisitions arbitraires, incessantes, avait intérêt à ne pas produire, ou, s'il lui était indispensable d'avoir des chevaux, faisait naître des animaux trop défectueux pour être propres au service de la cavalerie.

Ce ne fut seulement que sous le gouvernement de l'Empereur Napoléon Ier que, frappé de la décadence générale de l'espèce chevaline, on s'occupa sérieusement à réparer le mal ; c'est donc à ce monarque que la France doit la réorganisation d'une administration spéciale, chargée de réunir les éléments dispersés et peu nombreux qui avaient pu échapper à la destruction générale, et de reconstituer quelques établissements par lesquels il voulut régénérer les races françaises.

Malgré la puissance sans égale dont Napoléon Ier disposait, tous les efforts qu'on fit pour rendre à cette industrie son ancienne splendeur n'obtinrent que des résultats imparfaits, et à l'exception de quelques départements isolés, elle restait languissante dans tous les autres. Quelle en fut la cause ? D'un côté, la méfiance des propriétaires ; de l'autre, le manque d'éléments pour améliorer les races dégénérées.

Les ressources que nous possédons aujourd'hui dans le cheval anglais de pur sang étaient inaccessibles pour la France, et des difficultés nombreuses s'opposaient également à ce qu'on se procurât dans les déserts de l'Afrique cette noble race, à laquelle l'Angleterre doit le perfectionnement de la sienne.

Ce ne fut que lorsqu'une paix générale vint ramener en France le calme et la tranquillité, que l'on s'occupa sérieusement de la reproduction et de l'amélioration des chevaux. Sous la Restauration, le gouvernement commença le premier à augmenter et multiplier les établissements d'étalons destinés à saillir bon marché les juments des particuliers, et ces derniers se procurèrent des juments pour être livrées aux étalons de l'État.

L'Angleterre nous ouvrit ses portes et nous offrit des moyens puissants d'amélioration ; l'Orient contribua à les augmenter ; nos voisins d'Outre-Manche vinrent en foule nous visiter, se faisant suivre par des chevaux infiniment supérieurs aux nôtres ; ils répandirent parmi nous, avec l'art de les élever, le *goût des courses*, qui est particulier à presque toute la nation anglaise.

Si ces circonstances, sans doute favorables à la régénération de nos races, n'ont pas porté jusqu'ici cette industrie au point de prospérité qu'elle aurait pu et qu'elle aurait dû atteindre, il faut l'attribuer en partie au peu de goût qu'en général on a en France pour le cheval, aux fausses mesures prises par le gouvernement pour encourager la reproduction, et à la prédilection peu patriotique dont sont dominés nos riches amateurs pour les chevaux nés en pays étrangers.

Les courses, implantées en France avec le cheval anglais, n'eurent d'abord que des détracteurs, et quelques maquignons furent les seuls qui se partagèrent les prix que le gouvernement accorda pendant les premières années. Ce ne fut seulement que lorsque des hommes d'un caractère honorable présentèrent sur les divers hippodromes de France et surtout sur celui de Paris les jeunes chevaux qu'ils avaient élevés chez eux, et que les hommes sans préjugés s'aperçurent que les courses de chevaux n'étaient

2

pas un vain et inutile spectacle , qu'elles devinrent intéressantes sous divers points de vue.

Quoique cette branche de notre industrie agricole n'ait
jamais bien excité l'émulation de nos éleveurs en général,
il n'en est pas moins vrai que les courses ont produit dans
nos pays d'heureux résultats, comme moyen surtout de
constater par des épreuves, longues et pénibles, l'aptitude
des individus à donner à leurs descendants les qualités supérieures qui distinguent le cheval issu d'une haute origine.

Tout le monde sait que les *courses de chevaux* sont deve-
nues en France des fêtes publiques auxquelles on assiste
avec empressement, et que c'est à cette institution que nous
devons la détermination d'un grand nombre de gens riches
de former des établissements dans lesquels ils s'appliquent à
élever des chevaux, la plupart de sang anglais et de sang
arabe, dont les produits remarquables viennent journellement augmenter les moyens reproducteurs de notre pays,
et contribuer ainsi à l'amélioration de nos races.

Si les courses de chevaux ont donné lieu, surtout en
Angleterre, à des actes répréhensibles, si elles ont dégénéré
en jeu de hasard effréné auquel se livre journellement
une foule de gens de toutes conditions, nous dirons à certains détracteurs, qui ne manquent pas de faire ressortir ce
fâcheux inconvénient des courses, que la faute ne peut en être
attribuée à l'institution en elle-même, qui est éminemment
utile, mais bien à l'inclination naturelle de certains hommes
de pervertir par l'abus les meilleures institutions, et au
penchant prononcé du peuple Anglais pour les paris les
plus extravagants.

La France n'a jamais donné le scandale que le turf présente en Angleterre ; à peine si quelques accusations d'indé-
licatesse s'y font entendre ; ces manœuvres sont insignifian-
tes ; du reste on aurait beaucoup à faire, si on supprimait

toutes les institutions qui permettent aux hommes de trafi-
quer de leur conscience, et de ce que tel ou tel jockey fait
la faute de se vendre dans l'intérêt de tels ou tels parieurs,
cela ne prouve rien contre l'institution des courses en elles-
mêmes ; le bon sens et la moralité de la masse de nos éleveurs empêcheront toujours qu'ils ne prennent part aux
jeux de hasard et aux paris extravagants auxquels se livrent
des gens d'une autre condition.

Si les courses, considérées comme encouragement, ne
donnent pas tous les avantages et les progrès que désire-
raient certains de nos agronomes, surtout comme moyen
de multiplication et d'amélioration des chevaux, il n'en est
pas moins vrai qu'elles sont considérées généralement
comme utiles sous beaucoup de rapports ; et la preuve,
c'est l'extension qu'elles ont pris de nos jours dans toute
l'Europe. Du reste n'ont-elles pas l'avantage d'attirer un
grand nombre d'étrangers dans les villes où elles se prati-
quent, en donnant des fêtes au peuple ?. elles provoquent
ainsi des expositions de chevaux de toutes les races et faci-
litent la vente de ces animaux; de plus, elles excitent l'émulation et le goût de la jeunesse française pour un noble et
utile spectacle.

« Ces cirques où s'exerçait jadis la jeunesse, dit J.-J.
« Rousseau, devraient être soigneusement rétablis. Le
« maniement des chevaux est un exercice très-convenable,
« et très-susceptible de l'éclat du spectacle. Ces tournois
« formaient des hommes non-seulement vaillants et coura-
« geux, mais avides d'honneur et de gloire, et propres à
« toutes les vertus. »

Qualités et conformation que l'on doit rechercher dans un Cheval de Course.

Ce cheval, destiné à parcourir une grande distance en
quelques minutes, doit présenter une conformation particu-

lière qui le fera toujours distinguer des autres chevaux de selle ; ses formes, généralement peu développées, doivent réunir *la force* et *la légèreté*; c'est dans le but d'obtenir ces qualités que l'on condamne ces animaux à des exercices forcés et à un régime exceptionnel, qu'on appelle *entraîne-ment*.

C'est ordinairement à l'âge de vingt-huit, trente mois, qu'on soumet à l'entraînement les chevaux qui doivent courir à trois ans et demi, quatre ans. Si l'entraînement était employé avec intelligence et à propos, il serait fort utile, car il produirait les effets d'un bon régime et d'un exercice en plein air ; il développerait les muscles et l'appareil respiratoire, et produirait ainsi des animaux forts, agiles et agréables, tout en fortifiant leur santé.

On ne saurait trop encourager l'entraînement qui a pour but d'exercer les chevaux au trot ; outre les avantages que nous venons d'énumérer, il a celui de dresser les animaux en leur apprenant surtout une allure *utile*. Il n'en est pas de même de celui des exercices au galop : l'entraînement de ce genre de service a l'inconvénient de produire souvent des écarts, des chutes, des ruptures de cœur, etc., et surtout de donner au cheval de course des formes, des caractères déjà trop prononcés ; il tend à accroître ses défauts ; il est par conséquent *nuisible* par son *but ;* car l'entraîneur ne cherche pas à rendre le cheval *utile*, mais à le rendre capable de gagner les prix : ces effets sont plus ou moins nuisibles à la santé des animaux soumis à ces conditions.

A l'approche des courses, le cheval destiné à ce service doit présenter la conformation suivante : son encolure doit être droite, longue, mince ; son épaule longue et oblique, jouant librement sur une poitrine étroite mais très-haute ; sa croupe sera horizontale, sa jambe longue et son jarret un

peu droit. Toutes ces conditions donnent une grande rapi-
dité à ses allures, en même temps que des articulations
larges, des tendons forts et écartés des canons, lui donnent
la force de les supporter.

On doit rechercher comme condition essentielle dans le
cheval de course, la taille ; car si les sauts sont relativement
plus grands chez les petits animaux, ils ne peuvent cependant, avec un même degré d'énergie, égaler ceux des animaux de grande taille, qui ont ordinairement un corps long,
qui leur permet d'embrasser à chaque pas beaucoup
d'espace. Il est à désirer que ce cheval n'ait que la graisse
et l'abdomen nécessaires à l'entretien de sa santé ; plus que
les chevaux des autres services, il doit avoir la tête petite et
sèche ; une gouttière doit exister entre la première vertèbre
cervicale et l'os maxillaire, pour faciliter le mouvement de
la tête sans comprimer le mouvement du larynx.

Le cheval de course est toujours de race noble ; sa peau,
très fine, laisse apercevoir les vaisseaux sous-cutanés ; la
vivacité de son regard indique les qualités que l'on doit
rechercher chez cet animal, c'est-à-dire une très-grande
vigueur et une énergie excessive, capables d'user toutes les
forces locomotrices en quelques minutes.

Le cheval anglais de *pur sang* est le véritable type du
cheval de course ; il n'est pas d'origine fort ancienne ; les
uns le considèrent comme le produit d'anciens croisements,
entre des étalons arabes et barbes, et des juments barbes
ou européennes. Ce cheval, qui porte encore le nom de
cheval de race, horse race, cheval de course, a ordinairement une taille au moins d'un mètre cinquante centimètres
et plus ; il est intelligent, fort, vif ; il fait des prodiges de
vitesse par des bonds de cinq à six mètres ; ce qui explique
l'avantage et la supériorité qu'il a sur les autres animaux de

race différente destinés, comme lui, à faire le service des courses.

Cheval de Manége ou de Luxe.

Les exercices des manéges sont nombreux et variés ; les uns sont faciles, peu fatigants, les autres exigent, au contraire, l'emploi de beaucoup de force ; mais tous réclament, pour les exécuter, un cheval qui ait plus de grâce dans ses mouvements que de vitesse, qu'il soit conformé pour avoir des allures souples, harmonieuses et variées.

Il conviendra parfaitement s'il possède une encolure de cygne ou rouée, une croupe arrondie, des membres un peu allongés, des jarrets légèrement coudés, s'il est long-jointé, s'il a des avant-bras et des jambes plutôt courts que longs, des genoux et des jarrets éloignés de terre, et surtout une épine dorso-lombaire longue, concave supérieurement. Avec cette conformation, les allures sont douces, cadencées, et si elles ne sont pas rapides, elles sont plus relevées, elles ont plus d'apparence, plus de brillant et n'impriment, pour ainsi dire, aucune secousse au cavalier.

On doit rechercher pour ce service la flexibilité des articulations ; le cheval doué de cette qualité est moins sujet à broncher et est moins fatiguant qu'un cheval dur. L'obéissance, l'adresse, l'intelligence, sont plus nécessaires pour ce service que pour les autres ; la bouche doit posséder une conformation susceptible de bien recevoir l'impression du mors, les barres doivent être bien conformées ; dans ce service, l'animal doit être sensible à l'éperon, être vif sans être emporté et obéir sans aucune impatience.

Le cheval andaloux est le type le plus parfait comme cheval de manége : c'est celui qui, à cause de son dos ensellé, de ses membres long-jointés, doit être destiné de préférence aux dames, et en général à toutes les personnes auxquelles conviennent le mieux les allures douces.

Le cheval de l'*Andalousie ou Espagnol* a été employé, dans le temps, pour croiser nos races du Midi ; il corrigeait, disait-on, les défauts de notre race navarrine, en lui donnant plus d'étoffe et des formes plus arrondies. Cet animal, qui a ordinairement la taille de 1 mètre 47 centimètres, ne convient guère plus pour aucun service, parce qu'on ne recherche plus de nos jours des allures plutôt brillantes que rapides.

Cheval de Voyage et de Troupe.

Il faut nécessairement rechercher dans un cheval de selle, soumis à un véritable service, comme l'est le *cheval de voyage, le cheval de troupe*, plus de force, plus de vitesse que pour le cheval de manége ou de promenade, afin que les cavaliers puissent, dans toutes les circonstances, compter sur leurs chevaux.

Le cheval destiné à ce service présentera une encolure un peu épaisse, un corps étoffé, des reins larges, plutôt courts que longs, des cuisses bien fournies, un poitrail de largeur moyenne, une côte bien arrondie, une grande épaisseur de l'avant-bras et de la jambe ; tous les caractères enfin annonçant la force unie à un certain degré d'agilité.

Le *cheval de voyage* doit avoir une conformation qui indique la force et la solidité, plutôt que la beauté et l'élégance; dans son examen, on devra se rappeler qu'il doit porter le cavalier et la valise, aussi devra-t-on choisir de préférence celui qui aura les reins les plus solides et conformés de manière à ce que les réactions ne soient pas trop dures.

Les *chevaux de troupe* doivent offrir les qualités du che-

val de voyage ; ils doivent être surtout vifs et assez patients,
pour supporter, sans se dérouter, les divers mouvements
que doivent exécuter les cavaliers dans certains moments
critiques ; on se rappellera que ceux qui s'impressionnent
facilement aux bruits des combats et des armes, embarras-
sent toujours les cavaliers et les découragent dans le danger.

On attachera pour ces derniers beaucoup d'importance
au caractère : il faut qu'ils soient sages et faciles à conduire,
car rien n'est plus embarrassant ni plus dangereux à la
guerre que les chevaux qui ruent sous l'homme ; il est impossible de les mettre dans les rangs ; quand on marche à
l'ennemi, ils vont seuls à côté des autres, et le vice du cheval
rend ainsi l'homme inutile.

Un bon cheval de troupe doit être choisi, de préférence,
parmi ceux offrant les apparences d'un tempérament
robuste et *rustique,* qui le rendent capable de supporter les
privations et les plus rudes fatigues que ces animaux sont
susceptibles d'endurer.

Des nuances sont encore à établir dans les chevaux de
cette catégorie, suivant leur destination spéciale : c'est
ainsi que dans la cavalerie, chaque arme réclame des
chevaux de force différente ; ceux de la cavalerie légère
étant de véritables chevaux de selle, tandis que ceux de
la grosse cavalerie sont plutôt des chevaux de trait léger
détournés de leur destination.

Cheval de Bat.

Je n'indiquerai, pour ainsi dire, que par ordre ce cheval
que l'on prend toujours parmi les animaux de race tout-à-
fait commune, étant destiné à porter de lourds fardeaux sur
le dos ; aussi doit-on rechercher pour ce service les chevaux
présentant les conditions suivantes :

Ils auront le corps trapu, les reins très-courts, droits et légèrement voûtés; cette conformation étant un indice de force, rendrait les réactions dures; mais ce défaut ne doit pas être pris en considération dans les animaux destinés à porter le bat.

Dans les bêtes de somme qui restent chargées, dans les descentes comme dans les montées, les deux bipèdes doivent être solides; l'antérieur, pour résister au poids du corps, à celui de la charge et aux secousses provoquées par la marche sur des chemins accidentés; le postérieur, pour soulever ces mêmes poids, les pousser en avant dans les montées et pour mieux les supporter dans les descentes.

Ces indications doivent faire comprendre pourquoi on doit, pour faire le service de bat, préférer au cheval l'âne ou le mulet, surtout dans les pays montagneux; ces derniers animaux joignant à une force plus grande, une adresse remarquable dans les chemins difficiles.

§ II. — Chevaux de Trait.

Parmi les chevaux de trait, les uns attelés à un char léger, traînent avec vitesse un fardeau toujours au-dessous de leur force; d'autres traînent avec la même célérité une charge plus lourde; d'autres, enfin, traînent lentement des fardeaux énormes, ayant souvent de la peine à les ébranler. De là, la division des chevaux destinés à ce service, en *chevaux de carrosse ou de trait léger, chevaux de poste ou de diligence, et chevaux de gros trait.*

Cheval de Carrosse ou de Trait léger.

Les chevaux de *trait léger* doivent ressembler beaucoup aux chevaux de selle ordinaires; ils ne doivent différer seu-

lement que par une plus grande taille et par des masses
musculaires plus développées. Chez eux, le poitrail doit présenter une certaine largeur; la tête doit être plus forte,
l'encolure plus fournie, l'épaule plus épaisse, les canons plus
forts, les pâturons plus courts que longs, les sabots un peu
volumineux. Ces caractères doivent varier d'ailleurs suivant
que l'animal est destiné à être employé seul, ou bien appa-
reillé, et suivant le degré de luxe qu'il doit servir.

Les chevaux employés pour le luxe sont extrêmement va-
riables, leur service est ordinairement peu pénible; si on les
soumet souvent à des allures rapides, on ne leur fait jamais
traîner que de légers fardeaux. Ils font d'habitude de très-
petites journées, et reçoivent, après comme avant leur
travail, la nourriture et les soins les plus convenables pour
l'entretien de leur santé.

Les animaux de ce service doivent être grands, avoir
l'avant-main bien développé, l'encolure assez forte et légèrement rouée, la croupe arrondie, garnie de muscles, qui la
fasse paraître large : avec cette conformation, les chevaux
sont gracieux, et les attelages ont une belle et séduisante
apparence.

Parmi les chevaux de France, présentant les meilleurs
types comme espèce carrossière, nous citerons en première
ligne les chevaux de Normandie, appelés du *Cotentin;* ces
derniers, que l'on élève principalement dans le *Calvados* et
dans la *Manche,* ont ordinairement la taille de 1 mètre 60
centimètres, ayant souvent leur robe de couleur baie avec
des taches blanches à la tête. Les formes primitives de cette
race ont à peu près disparu depuis que le sang anglais est
venu produire une heureuse influence dans le croisement de
cette race.

L'ancienne *race cotentine* présentait les caractères sui-

vants : corps ample, arrondi, un peu long, bien propor-
tionné, tête grande, longue, chanfrein étroit, busqué, encolure forte, rouée, poitrail large, garrot bas, poitrine
arrondie, épaules courtes, musculeuses, flanc long, croupe
arrondie, queue bien attachée, jambes et avant-bras forts,
larges, longs, bien garnis de muscules, jarrets un peu
coudés, pâturons courts.

Les formes que je viens de décrire se sont avantageusement améliorées, depuis surtout que l'étalon anglais a été
choisi de préférence pour le croisement des races norman-
des. Les sociétés d'encouragement et les éleveurs de ces
contrées comprennent, aujourd'hui, par le bénéfice qu'ils
en retirent, les grands avantages que leur a donnés l'influence
d'un *sang* ayant si bien amélioré leurs précieuses races.

Aussi, sous l'impression de cet heureux résultat, les
formes des types primitifs de la race cotentine ont complétement disparu, et les croisements que nous avons indiqués
ont formé une nouvelle race dite *Anglo-normande*, consi-
dérée aujourd'hui, avec raison, comme la véritable et la
meilleure race carrossière pour le service de *grand luxe*.

Les *métis Anglo-normands* ont gagné, sur leurs descendants, les qualités suivantes : ils ont acquis une tête plus
carrée, mieux faite, un chanfrein droit, une encolure moins
forte et moins rouée, un garrot plus élevé et une poitrine
plus ample, une peau plus fine et moins chargée de crins.
Cette nouvelle race est devenue vive, ardente, vigoureuse,
agile, et plus vite ; en un mot, les animaux qui la composent
se sont complétement métamorphosés à leur avantage, et
sont devenus plus que jamais une des principales ressources agricoles de la Normandie, à cause du genre et des
divers services auxquels on peut les employer.

Car nous en trouvons qui conviennent pour la *selle*, pour

les courses; d'autres, en plus grand nombre, pour les voitures de *grand luxe:* ces heureuses conditions leur ont procuré une vente facile et avantageuse, et le grand prix auquel ces animaux sont vendus aujourd'hui dans tous les pays, permet à l'éleveur de se rémunérer largement des frais occasionnés par leur élevage.

Parmi les chevaux de races étrangères propres aux attelages, nous trouvons le cheval du *Mecklembourg,* du *Hanovre.* du *Holstein ;* la *Hollande* même nous donne des sujets excellents pour ce service. L'*Angleterre* nous donne aussi une race comme carrossière de luxe fort estimée par les amateurs; ces chevaux offrent les caractères du cheval de course avec plus de *corsage;* ils réunissent, à une taille élevée, de l'énergie, du brillant; ils ont la peau fine, la tête légère, l'encolure droite, la côte ronde et longue, la poitrine ample, la croupe longue, la queue bien plantée, les avants-bras larges et très-solides.

Le cheval *Mecklembourg* a une taille élevée, un corps long, un poil ordinairement bai–brun, une taille bien faite, un chanfrein droit et une encolure droite : le cheval de Mecklembourg est un bon et beau cheval : il se vend en France un prix très-élevé.

Le cheval du *Hanovre* a généralement une robe baie avec des crins blanchâtres sur les tendons; il est très-estimé en France comme cheval de service; les tendons de ces animaux laissent quelquefois à désirer sous le rapport de la solidité.

Le cheval du *Holstein* est massif, mais il peut cependant convenir pour traîner les fortes voitures de luxe.

Les croisements de ces diverses races allemandes avec l'étalon anglais, ont produit une influence très–avantageuse sur le tempérament et les formes des animaux qui les composent.

Cheval de Poste et de Diligence.

Autrefois, ce service avait une très-grande importance et occupait un grand nombre de chevaux, mais aujourd'hui, il s'est considérablement réduit, surtout depuis la multiplication de nos voies ferrées ; il existe bien encore quelques services de poste et de diligence, d'une certaine importance, dans les contrées qui ne sont pas desservies par des chemins de fer ; mais il est à craindre que l'établissement des nouvelles lignes ferrées, et la satisfaction que donnent généralement aux voyageurs ces nombreuses voies de communication, ne les réduisent encore bien davantage.

Dans ce service, l'élégance des formes devient à peu près indifférente ; on doit s'attacher principalement à la solidité des membres et à la solidité de l'animal, exiger des chevaux une certaine force unie à une grande vitesse.

Un corps ramassé, des formes musculaires bien marquées, une tête légère, une croupe double, des reins courts et droits, des fesses et des cuisses bien fournies, des allures vives et légères : telles sont les qualités que l'on doit rechercher dans ces chevaux ; ces dernières se trouvent toutes réunies dans la race bretonne pour le service de la poste et dans la race percheronne pour le service de diligence, qui exige toujours plus de taille,

Du reste, la conformation des chevaux pour ce service doit varier suivant l'état des routes, et suivant les habitudes des consommateurs. Aujourd'hui que nos voies de communication se sont considérablement perfectionnées, que tout le monde attache une grande importance au temps ; nos messageries accélèrent leur marche ; elles recherchent des animaux moins forts, plus élancés, plus rapides, ayant surtout des allures allongées.

Le *cheval percheron* me paraît le plus convenable au service des messageries d'aujourd'hui, surtout depuis que les éleveurs du département de Loir-et-Cher, et principalement ceux qui habitent l'arrondissement de Vendôme, ont fait saillir avec précaution les juments du pays par des étalons du haras du Pin.

Par ces croisements bien dirigés, on a créé des métis, aptes à tous les services ; on peut dire avec raison que le département sus-nommé est, aujourd'hui, la patrie du véritable percheron, possédant à la fois la force et la légèreté.

Je puis certifier avec satisfaction que j'ai acheté, jusqu'ici, un grand nombre de ces chevaux pour le service de plusieurs compagnies d'entreprises générales, et que je n'ai eu qu'à me féliciter du choix de cette race, tant pour la vigueur des sujets qui la composent, que pour leur durée au service.

Le *véritable percheron* est ardent, fort, nerveux; il trotte bien et vite; il se fait remarquer principalement par sa faculté à supporter les plus rudes fatigues; il a la tête carrée et petite, l'œil saillant et bien placé; l'encolure est suffisamment détachée du corps, les jambes sont sèches, nettes et sans poils; les jarrets larges, mais souvent un peu serrés et clos; le garrot est bien sorti, la queue bien attachée, les hanches larges et peu saillantes, la côte et le poitrail très-ouverts; sa taille varie de 1 mètre 55 centimètres à 1 mètre 62 centimètres.

La *race bretonne* nous fournit aussi de très-bons chevaux pour le service de poste et de diligences, mais il faut avoir la précaution de les choisir dans les *sous-races* de Saint-Brieuc, de Lamballe, et surtout dans la race dite *Conquet*, qu'on trouve du côté de Saint-Renan et de Tréboin. Ces chevaux possèdent un peu le caractère et les qualités de la belle race cotentine, moins la taille.

Les chevaux des environs de Saint-Pol et de Morlaix, qu'on appelle chevaux de *Léon*, sont beaucoup trop forts et trop lourds ; ces contrées donnent de bons types de chevaux pour le gros et pénible trait.

Le Dauphiné, la Lorraine, les Ardennes, nous fournissent encore des chevaux de poste et de messageries.

Cheval de gros Trait.

On doit distinguer parmi les chevaux de gros trait, ceux destinés aux travaux ordinaires de la campagne, et ceux qui doivent servir au roulage sur des routes solides et peu accidentées.

. Les premiers doivent offrir à peu près la conformation de chevaux de diligences ; les chevaux légers de la Bretagne nous donnent des bons types pour le service de l'agriculture.

Quant aux chevaux de gros trait proprement dits, chez eux le poid du corps doit concourir avec les efforts musculaires pour ébranler le fardeau. On les choisira donc, autant que possible, de haute taille, à système musculaire très-développé, une tête forte, une encolure chargée, un large poitrail, des épaules épaisses, une croupe double, des membres forts, à canons courts et épais, à pâturons peu allongés.

Parmi les équipages des rouliers, il faut distinguer le cheval qui dirige les autres, toujours placé en tête de l'attelage et que l'on nomme *devantier*, et celui qui est placé entre les brancards de la charrette ou du tombereau lourdement chargés, et que l'on appelle *limonier*. Le premier doit avoir plus d'adresse que de force ; il aura la vue et l'oreille bonnes, pour voir et entendre les gestes et la voix de son conducteur, être intelligent pour vouloir et savoir exécuter les ordres de ce dernier.

Le *limonier* doit avoir une forte corpulence, pour opposer une lourde masse aux mouvements brusques et variés du véhicule auquel il est attelé ; son corps doit être court, trapu, avoir des reins droits, forts, doubles, des jarrets larges, solides et légèrement coudés. Cette conformation qui indique beaucoup de force, lui permet de retenir facilement les charrettes lourdement chargées dans les descentes, et des les faire mouvoir dans les tournants quelquefois fort rapides des routes ; il peut résister ainsi aux chocs et aux secousses produites par des inégalités du sol.

Le véritable type pour le service de gros trait est le cheval *boulonnais*. Ces utiles animaux que l'on élève dans les départements du Nord, du Pas-de-Calais, de la Somme, de l'Oise, de la Seine-Inférieure, de Seine-et-Oise, de Seine-et-Marne, de l'Aisne, ont ordinairement la taille de 1^m 60 centimèt. et plus ; ils sont courts, trapus, bien constitués ; ils ont de fortes masses musculaires sur la croupe, au poitrail, sur les épaules et sur les bras ; l'encolure est forte et paraît courte à cause de sa largeur, la crinière est épaisse et double, la tête grosse, le chanfrein droit, la ganache saillante, l'œil plus petit que grand, le poitrail large, le garrot bas, l'épine dorso-lombaire courte, la croupe double et avalée, les membres sont courts, gros et forts.

Ces animaux ont ordinairement la peau épaisse, chargée de crins longs et épais, sur la face postérieure des membres et sur le bord supérieur de l'encolure ; les châtaignes sont très-prononcées. Dans le commerce on appelle ces animaux : *Chevaux du pays de Caux, chevaux du bon pays.*

Le *Poitou* nous donne aussi une race de gros trait, connue sous le nom de race *poitevine* ou *race mulassière* : ces animaux sont beaucoup plus lourds, plus lymphatiques, plus mous, que les chevaux boulonnais.

Les départements du Doubs et de la Franche-Comté nous donnent aussi de bons chevaux de trait ; ils sont plus petits que ceux que je viens de décrire ; ils ont un corps moins musculeux, les formes plus sèches et surtout le dos plus ensellé : on les connait sous le nom de chevaux *comtois*.

Aucune race étrangère de chevaux de trait n'étant supérieure à celles de France, cette condition me dispense de les mentionner.

Chevaux destinés à la reproduction.

Indépendamment des services que nous venons d'indiquer, on destine encore exclusivement un certain nombre de chevaux ou de juments à la reproduction, service d'autant plus important qu'il est établi pour obtenir la multiplication et l'amélioration de l'espèce chevaline.

Les reproducteurs mâles ou étalons sont ordinairement achetés par ordre du gouvernement et choisis par l'Administration des Haras, qui les place dans des dépôts ou établissements destinés à les maintenir dans les meilleures conditions qu'exige leur service, et pour, qu'ainsi préparés, ils soient plus aptes à saillir et à féconder les juments des propriétaires.

Le choix des étalons, étant confié à des hommes spéciaux et compétents aussi, cela nous dispensera de faire connaître les qualités particulières que ces animaux doivent présenter pour ce service ; nous dirons seulement, que l'étude des organes génitaux doit intéresser pour la connaissance des animaux reproducteurs, et peut donner de précieuses indications pour le choix des bêtes de travail. Ordinairement des testicules volumineux, bien faits, indiquent la force, la vigueur et une grande aptitude à la propagation de l'espèce ; s'ils sont petits, atrophiés de naissance, les animaux sont faibles et débiles.

3

On ne saurait trop conseiller aux éleveurs d'apporter dans le choix des femelles qu'ils font reproduire, plus de soins qu'on ne fait généralement, car ce sont toujours les juments poulinières qui assurent les qualités réelles du cheval.

Si les mâles suffisaient pour donner de bons produits, nos races ne laisseraient rien à désirer à cet égard : le gouvernement a assez fait pour en donner de bons à nos producteurs.

Les juments doivent posséder les caractères qui distinguent les bons étalons ; mais il faut, quand on les choisit, avoir égard aux différences de conformation que présentent les femelles dans l'espèce chevaline. En général, on choisira de préférence celles qui ont le corps un peu allongé, le cou mince, la tête petite et tout l'avant-main un peu léger, le ventre plus volumineux que les mâles ; la croupe doit être large, le bassin ample, bien conformé, sans exostoses, ni tumeurs molles pouvant nuire à l'accouchement ; les deux hanches doivent être bien égales et le garrot élevé.

Il ne faut livrer à la reproduction que les pouliches dont l'accroissement est terminé, car si elles portent trop jeunes, elles s'épuisent et ne donnent que des produits médiocres ; elles sont ordinairement plus chatouilleuses et nourrissent mal le poulain.

On doit tenir grand compte de ce dernier défaut quand on veut choisir des juments poulinières ; elles doivent être bonnes nourrices ; et pour cela, on recherchera celles qui sont douces, patientes, *non chatouilleuses* ; car on voit des femelles très-propres à créer et à porter de beaux produits, et qui refusent de les nourrir.

DEUXIÈME PARTIE.

EXAMEN DES CHEVAUX EN VENTE.

La partie la plus importante et la plus difficile de l'extérieur du cheval est sans contredit l'application des principes que je viens de développer, en étudiant les qualités que l'on doit rechercher chez ces animaux dans leurs divers services.

L'examen du cheval en vente exige de la part de celui qui doit en faire la visite, non seulement des connaissances théoriques étendues, mais surtout une tactique particulière, une grande habitude d'appliquer des observations de diverses natures ; sans cela, l'homme le plus capable, le mieux instruit, même en matière hippique, se laissera tromper.

Aussi avant de commencer à tracer la marche que l'on doit suivre pour procéder à l'examen aussi complet que possible de l'animal que l'on se propose d'acheter, j'indiquerai les principales conditions que doit posséder l'acquéreur, ou plutôt l'examinateur, pendant la durée de la visite, afin qu'il puisse éviter d'être trompé par certaines ruses, au moyen desquelles on cherche assez souvent à masquer les défauts de l'animal mis en vente.

La première règle à observer dans cette opération, c'est d'être, tout le temps que dure l'examen, froid, impassible, ne s'occuper exclusivement que du sujet qui vous intéresse, en un mot être *entièrement à soi ;* ne tenir aucun compte de tout ce que peut dire le marchand sur les qualités de l'animal, qualités qu'il ne manque pas de faire ressortir, avec beaucoup de verve et d'enthousiasme, en ayant soin d'examiner si votre *contenance* indique que vous partagez l'opinion qu'il vient d'exposer sur le compte de son cheval.

Aussi il est de la plus grande utilité de ne laisser percer en rien, ni par le geste ni par la parole, l'opinion que l'on a fondée sur la valeur de l'animal, car beaucoup de vendeurs savent tenir compte de cette circonstance, pour afficher des prétentions d'autant plus élevées que vous avez manifesté plus d'enthousiasme.

Il arrive souvent que les marchands attirent votre attention sur quelques légers défauts, qui sont assez apparents pour que vous puissiez les apercevoir, et qu'ils n'avouent du reste que pour en cacher de beaucoup plus graves ; ils cherchent ainsi à vous distraire adroitement du point capital et suspect de l'examen. Il est bon que l'acquéreur tienne compte de cette circonstance qui doit toujours l'engager à redoubler de zèle et d'attention dans la visite des régions que le vendeur se garde bien de signaler.

Il est incontestable, quoi qu'en disent certaines personnes, que l'on doit établir une différence entre le *véritable marchand de chevaux* et le *maquignon.* Pour mon compte, j'ai pu, dans les nombreux rapports que ma position de vétérinaire–acheteur m'oblige d'avoir souvent avec tous les différents genres de vendeurs, établir bien des fois cette différence.

J'ai rencontré, je me plais à le dire, parmi les véritables marchands de chevaux, des négociants honnêtes et estimables, mais possédant presque tous le tact et l'adresse indispensables pour conclure et diriger la vente d'un sujet aussi susceptible de variations que l'est le cheval dans ses qualités comme dans ses défauts ; car le cheval, il faut bien l'avouer, est l'animal qui offre le plus de changement et de bizarrerie dans ses mœurs en général, autant sous le rapport de ses *attitudes* que sous le rapport de son *caractère*. C'est pourquoi on le trouve plus ou moins métamorphosé, suivant la main qui le dirige ; aussi ne doit-on pas être étonné qu'il faille plus d'adresse pour présenter et vendre ce genre de marchandise que pour tout autre commerce.

Les conditions particulières que je viens de signaler sur le compte du cheval en vente, semblent malheureusement trop souvent autoriser le marchand, à quelque catégorie qu'il appartienne, à de petits écarts de délicatesse et de conscience, soit en l'engageant à cacher les défauts de la chose vendue, soit en donnant à sa marchandise des qualités qu'elle n'avait réellement pas. Aussi cet état de choses a fait dire à beaucoup de monde et aux gens du métier surtout, cette phrase passée chez ces derniers en proverbe : Que, *ni un curé, ni un homme confessé de frais, ne doivent se charger de vendre un cheval.* On dit aussi, avec un peu de raison, qu'il n'y a pas de marchand qui ne cherche à présenter sa marchandise sous le jour le plus favorable, et qu'il n'existe pas d'exception à cet usage pour le commerce des chevaux.

En prenant en considération ce que je viens d'exposer, l'examinateur est obligé, comme on le voit, d'apporter dans sa visite beaucoup d'attention, de zèle, de sagacité, pour éviter d'être trompé ; aussi, pour que rien ne lui échappe, il doit adopter, dans son examen, une méthode ou plutôt un certain ordre ; c'est pourquoi nous examinerons le cheval en vente, d'abord dans le repos, ensuite dans l'action libre, attelé seul et à deux.

Examen du Cheval en vente dans le repos.

Le cheval peut être mis en vente dans une écurie ou bien sur un champ de foire : l'une et l'autre position réclament des particularités d'examen, desquelles il est bon de tenir compte.

C'est presque toujours dans une écurie que les marchands de chevaux, surtout ceux qui vendent la bête de luxe, étalent leurs animaux ; il n'en est pas de même pour les propriétaires et éleveurs, ces derniers exposent ordinairement leurs animaux en vente sur un champ de foire.

Lorsqu'on visite un cheval dans une écurie de marchand, et c'est d'abord là qu'on doit le voir pour juger au premier coup d'œil de son ensemble, dans cet endroit on ne peut guère être fixé d'une manière à peu près certaine sur sa taille, car les écuries des marchands sont construites et disposées de façon à élever leurs animaux, surtout du train antérieur. Cette attitude trompe souvent l'œil de l'examinateur qui ne sait pas tenir compte de cette position si bien étudiée pour l'induire en erreur.

Les animaux placés ainsi paraissent non-seulement avoir une taille plus élevée, mais encore ils offrent généralement des apparences plus belles et plus séduisantes. La disposition du sol de l'écurie, l'abondance et l'arrangement de la litière, la position basse de la mangeoire et du râtelier, sont des moyens souvent employés pour donner à l'animal en vente les avantages signalés.

On ne peut guère, dans l'écurie, s'assurer d'une manière positive de la vivacité de l'animal, car le cheval le plus mou paraît vif en se voyant environné de quelques personnes, cet entourage lui rappelant trop bien les coups de fouet donnés d'habitude chaque fois que le marchand ou ses palefreniers rentrent dans son écurie.

Ces menaces et ces corrections, faites à propos, sont souvent employées par les marchands pour masquer l'indocilité et la méchanceté de leurs animaux ; l'impression de ce procédé se fait si bien sentir sur un cheval méchant, qu'il suffit que la personne l'ayant employé sur lui parle où le touche d'une certaine manière pour le faire rester tranquille pendant toute la durée de l'examen ; il cache ainsi les défauts pour lesquels on l'a momentanément si bien corrigé.

A ce moment de l'examen, on doit observer et tenir compte de la manière dont le marchand ou le palefrenier aborde et avertit son cheval, surtout quand il cherche à vous prouver qu'il n'est pas méchant, alors qu'il l'est réellement ; on doit alors se méfier de certains cris d'avertissement prononcés fortement par l'homme qui l'approche, surtout si ce dernier frappe en mên: ..:aps d'une manière brusque la croupe de l'animal avec le plat de sa main ; il suffit d'une de ces vociférations et d'un pareil attouchement pour rappeler au cheval vicieux que la main le corrigeant habituellement est là, prête à lui faire prendre un caractère de circonstance qu'il n'aurait pas eu sans la crainte d'une puissance dominatrice.

Le premier coup d'œil étant donné, la première impression étant reçue, on fait alors sortir l'animal de son écurie, en examinant avec attention la manière dont on le bride, s'assurer s'il ne fait pas de difficulté pour prendre le mors, examiner si ce dernier et la gourmette sont dans les conditions ordinaires ; ces observations sont d'autant plus utiles, qu'il suffit de certaines dispositions particulières de cette partie de harnais pour empêcher la manifestation d'un grand nombre de défauts de la bouche et du caractère du cheval.

J'ai été témoin de l'application d'un mors de bride très-ingénieux, inventé par M. Lacoste, pharmacien à Agen, pour empêcher les chevaux de s'emporter ; j'ai vu produire au moyen de ce simple appareil des effets merveilleux chez les animaux ayant cette malheureuse habitude, en exerçant son action et sa puissance sur la langue plutôt que sur des barres insensibles et émoussées.

Quoique nous ayons la certitude que cette invention n'a pas été faite pour favoriser la vente des chevaux vicieux, il n'en est pas moins vrai que les marchands l'emploient quelquefois pour contenir quelques-uns de leurs animaux ayant mauvaise bouche et mauvais caractère. Nous connaissons d'autres appareils différant si peu dans leur forme de celle du bridon ordinaire, que leur particularité peut passer inaperçue aux yeux de l'examinateur qui n'en est pas averti.

On examinera avec attention la manière dont l'animal recule et se retourne dans sa loge, pour juger de la souplesse de ses reins, se rappeler que c'est souvent dans les premiers pas faits par l'animal à sa sortie de l'écurie que l'on découvre l'existence de certaines boiteries chroniques, desquelles on ne peut s'apercevoir après une agitation provoquée presque toujours, dans ce cas, par des coups de fouet du marchand, donnés à propos pour faire oublier à l'animal, la sensibilité des claudications à froid pouvant exister en ce moment chez lui.

Presque toujours les garçons d'écurie ont soin, en faisant la toilette du cheval qui doit sortir, de lui introduire adroitement dans l'anus du gingembre ou du poivre, dans le but de lui faire mieux porter la queue, afin que l'excitation de ces substances lui donne une apparence plus énergique. Cette manœuvre, quoique connue de tout le monde, n'est pas encore tombée en désuétude, supposant qu'elle favorise la vente du cheval. J'ai vu cependant se produire l'effet contraire, surtout quand ce moyen était employé chez certains sujets irritables ou sur des juments en chaleur. Cette excitation, dans un endroit si sensible, leur faisait détacher de fortes ruades et leur donnait momentanément toutes les apparences de la méchanceté.

Lorsque l'animal a été détaché de sa place et qu'il est dirigé vers la porte, on le fait arrêter à une certaine distance de cette dernière, en ayant soin de se placer en face de lui pour examiner les yeux, s'assurer d'abord, avant d'en faire un examen plus attentif, si ces deux organes sont parfaitement pareils dans leurs dimensions, comme dans leur forme et leur couleur.

On peut en même temps examiner l'âge, la bouche, s'assurer de l'état des barres, de l'auge, des naseaux.

Beaucoup d'examinateurs ne procèdent à la visite des yeux que lorsqu'ils ont complétement fait subir à l'animal toutes les autres épreuves ; pour mon compte je crois la première sortie de l'écurie le moment le plus opportun pour examiner ces organes, ne se trouvant sous l'influence d'aucune excitation ; aussi voilà pourquoi nous donnons ici la manière d'examiner l'œil.

Manière de procéder à l'examen de l'œil :

L'examen de l'œil est une des parties les plus difficiles de la visite de l'animal en vente ; aussi est-il essentiel, pour bien reconnaître l'état des parties délicates constituant cet organe, de placer son cheval dans des conditions particulières de lumière.

Toute les fois qu'on le peut, il faut examiner les yeux sur la porte d'une écurie, ou bien sous un hangar, à une certaine distance du grand jour ; dans un endroit un peu sombre, l'œil est plus facile à examiner, on aperçoit mieux son fond ; dans ces conditions la pupille est toujours dilatée.

On doit avoir la précaution de se placer en face de l'animal, de manière à porter son regard obliquement sur le globe oculaire, pour mieux reconnaître les divers troubles pouvant exister dans les parties qui composent cet organe et savoir à laquelle de ces parties ils appartiennent : cet examen ne serait pas aussi facile si on regardait l'œil en face.

Après cette première visite, on fait avancer un peu l'animal du côté du jour pour que l'œil soit frappé d'une lumière plus vive, laissant alors mieux apercevoir les mouvements de la pupille qui doit toujours se rétrécir d'une manière assez marquée dans cette nouvelle position.

Dans le cas où l'on ne pourrait pas placer l'animal dans des circonstances aussi favorables à l'examen de la vue, on devra, pour suppléer à ces conditions, placer la main sur l'un des yeux, de manière à le tenir fermé pendant quelques secondes ; aussitôt la pupille de l'œil opposé se dilate un peu ; cette dilatation devenant beaucoup plus considérable dans celui que l'on tient fermé, reprend ses dimensions premières dès que la lumière pénètre de nouveau dans l'organe. Comme on le voit, cette simple manœuvre peut devenir très avantageuse pour l'examen de la vue, surtout quand on ne peut appliquer les moyens ordinaires.

Dans quelques conditions que l'examinateur se trouve, il doit toujours éviter de faire la visite de l'œil en plein soleil, au voisinage des murailles blanchies, ou d'autres corps volumineux ayant une couleur claire, dont l'éclat puisse faire réfléchir beaucoup de lumière et fermer la pupille, au-delà de laquelle on ne peut plus rien apercevoir ; cet effet empêche toujours la visite du fond de l'œil.

Si l'animal est porteur d'un bridon à œillères ou garde-

vue, on aura toujours le soin de le faire débrider, car souvent cette partie du harnais envoie à l'œil des rayons qui
nuisent à l'examen.

Quand on veut s'assurer de l'état de la conjonctive, il
suffit de placer son index sur la paupière supérieure que l'on
relève un peu, en même temps qu'on appuie le pouce sur
l'inférieure ; en renversant ainsi ses deux voiles, la pression
exercée engage le cheval à retirer le globe au fond de l'orbite, le corps clignotant étant chassé en avant met à décou-
vert toute la partie de conjonctive qui le recouvre.

Après l'examen de l'œil, on peut, comme nous l'avons déjà
dit, s'assurer de l'état de la bouche, de l'auge, des naseaux.
L'arcade dentaire doit être examinée soigneusement, non-
seulement pour connaître l'âge, mais encore pour se rendre
compte des défauts d'usure pouvant exister dans les dents
en général, défauts indiquant dans le premier cas, c'est-à-
dire quand l'usure existe aux dents incisives supérieures, la
preuve d'une maladie grave désignée sous le nom de tic,
maladie de laquelle nous allons parler tout-à-l'heure ; et
dans le second cas, ces vices de conformation peuvent être
des obstacles à la mastication, qui est, comme on le sait, une
fonction importante pour le service et la santé du cheval.

L'examen des dents incisives en général et des pinces
supérieures en particulier réclame la plus grande attention,
surtout quand il existe une usure sur ces dernières, car
c'est souvent là que l'on trouve une première preuve de
l'existence du tic.

Cette dernière maladie n'étant rédhibitoire qu'en
l'absence de toute usure de cet endroit de l'arcade dentaire,
les maquignons produisent ordinairement, au moyen d'une
lime ou de quelques autres instruments rugueux, cette usure,
dans l'espoir que ce vice ainsi masqué empêche la rédhi-

bition. Cette fraude est facilement reconnue par les rayures et les aspérités laissées inévitablement par l'instrument qui l'a produite.

Comme nous faisons l'examen des dents incisives, ce serait ici le moment d'indiquer les signes fournis par ces dernières pour la connaissance de l'âge du cheval, si nous n'avions pas consacré dans cet ouvrage un chapitre particulier pour ce sujet, dans lequel nous donnons aussi les moyens frauduleux employés pour vieillir ou rajeunir cet animal. (*Voyez ce chapitre.*)

Après s'être assuré si la conformation des dents incisives est bien naturelle, si elles n'ont pas été travaillées pour tromper sur l'âge, on doit aussi examiner avec soin les dents molaires pour savoir si ces dernières n'offrent pas des irrégularités d'usure et de conformation; ces défauts sont toujours fort nuisibles à la mastication en forçant le cheval à garder une partie des aliments dans sa bouche, vice grave, l'empêchant toujours de manger : on dit alors qu'il *fait magasin.*

Dans le même examen, on peut s'assurer de l'état de la langue, regarder s'il n'existe pas des dépressions ou des traces d'anciennes cicatrices, indiquant toujours que l'animal a la mauvaise habitude, étant attaché, de tirer *à la longe ou au renard.*

On se rendra compte aussi si le cheval à une bouche susceptible de bien recevoir l'impression du mors, en examinant au toucher si les barres sont plus ou moins sensibles, et surtout bien conformées ; s'il n'existe pas dans cette région de traces d'anciennes blessures ayant épaissi et froncé la muqueuse recouvrant les bords du maxillaire inférieur. Toutes ces observations sont d'autant plus utiles, qu'elles indiquent souvent chez les animaux ayant ces défauts certains vices de caractère très-graves, tels que : l'indocilité et l'emportement, etc.

Les naseaux doivent être soigneusement examinés autant sous le rapport de leur conformation que des maladies pouvant siéger dans leur intérieur; s'assurer surtout de l'état de leur muqueuse pour savoir s'il n'existe pas sur cette dernière des traces d'ulcères cicatrisés, avec intention de cacher la maladie de la morve : cette observation serait très-importante, surtout si on avait poussé la fraude jusqu'à faire disparaître, comme je l'ai observé quelquefois, les ganglions de l'auge. Ces derniers peuvent être enlevés avec le bistouri, ou bien par la cautérisation au fer rouge ; l'un et l'autre procédé laissent toujours quelques traces de cicatrices dans la région, faciles à reconnaître par l'homme expérimenté.

On doit bien regarder si dans l'intérieur et au fond des naseaux il n'existe pas des épaississements et des végétations anormales pouvant gêner la respiration et faire *corner* l'animal ; quoique ce dernier vice soit rédhibitoire, il est toujours avantageux pour l'acquéreur de chercher à le découvrir et à le signaler avant la conclusion du marché. Nous reviendrons du reste sur ce défaut, en examinant le cheval en action, car c'est là où il devient plus appréciable et beaucoup plus apparent.

Toutes les observations que nous venons de signaler s'étant faites sur la porte de l'écurie, nous laissons sortir le cheval pour l'examiner au grand jour.

Si l'animal est trop long de corps, le marchand a le soin de lui placer sur le dos une couverture d'une couleur tranchant avec celle de sa robe, afin que cet effet, si bien calculé, le raccourcisse en coupant sa longueur. Si, au contraire, le cheval est trop court, on a le soin de le sortir entièrement nu ; et c'est dans cet état d'ailleurs qu'il faut toujours l'examiner.

Pour faire valoir sa taille et cacher certains défauts, le palefrenier a le soin de placer son cheval sur un point élevé et contre un mur, le corps ressortant alors avec de plus grandes proportions; de plus, il fait souvent exécuter à l'animal des changements de position de manière à vous présenter toujours les régions les plus avantageuses à l'examen, et cacher celles contenant des défauts ou des tares ; on doit tenir compte de ces manœuvres et passer outre, pourvu, toutefois, qu'il y ait assez d'espace pour faire le tour de l'animal.

On l'examine alors de nouveau dans son ensemble, sous le rapport des proportions et puis des formes. Pour reconnaître ces dernières conditions, on devra visiter sucessivement chaque bipède de front et de profil, isolément d'abord, puis dans leurs rapports réciproques ; on passe ensuite dans l'examen détaillé de toutes les régions extérieures de l'animal.

Quoique l'ordre à suivre dans cette visite n'ait rien de fixe, il est bon cependant d'en adopter un pour ne rien oublier : on examinera d'abord la tête dans son ensemble et dans ses diverses parties, puis passant la main sur la nuque de l'animal, on la descendra en suivant le bord supérieur de l'encolure, jusque sur le garrot, sur le dos et sur les reins, ayant soin de pincer cette dernière région pour s'assurer si elle est sensible et si le cheval exécute en même temps un mouvement de flexion existant toujours chez l'animal en bonne santé.

Il arrive quelquefois que les maquignons masquent la présence de fistules anciennes pouvant exister dans les os maxillaires, dans le garrot, ou bien sur les reins, au moyen de certains mastics dans lesquels se trouvent collés des poils de la robe de l'animal ; il est facile de s'apercevoir de cette fraude en portant un peu d'attention dans l'examen de ces régions.

Quand on arrivera à la queue, on doit toujours, par précaution, la tirer et l'élever, non-seulement pour juger de l'énergie du cheval, mais encore pour mieux examiner le tronçon, et l'état des régions qu'elle recouvre, régions très-sujettes à des maladies graves, telles que fistules de l'anus, mélanoses, etc.

Il arrive quelquefois, soit à cause de maladie, ou bien par défaut de conformation, que la queue se trouve dépourvue de crins, surtout à sa base ; on appelle le cheval ayant ce défaut : *cheval à queue de rat;* ce vice nuit à ses apparences et diminue toujours sa valeur commerciale ; on cherche à le masquer en collant dans la partie nue de cet organe des crins ayant la même couleur que ceux se trouvant naturellement placés.

Cette ruse est facilement découverte par les crins qui restent toujours dans la main en produisant une traction sur cette région.

Après ces observations, on reviendra en avant de l'animal, on examinera alors le poitrail, le ventre, les côtes, et l'on s'arrêtera surtout à la visite du flanc, que l'on doit étudier dans le repos, pour le revoir plus tard, quand l'animal aura été mis en action. On n'oubliera pas de s'assurer de la nature de la toux, en la provoquant par la compression du premier cerceau de la trachée.

La région des testicules doit être aussi examinée avec soin : si le cheval est entier, pour savoir d'abord si ses organes génitaux ont une bonne conformation, et de plus être certain qu'il n'existe pas de traces de maladies, telles que hydrocèles, sarcocèles, hernies, etc. : si l'animal est jeune et châtré depuis peu, s'assurer si cette opération a été bien faite et complète, car il arrive souvent que la castration n'a été pratiquée qu'à un testicule, l'autre étant logé dans l'anneau ingüinal ; position rendant l'ablation de ce dernier très-difficile et quelquefois impossible.

Les membres seront ensuite explorés rayon par rayon, pour savoir s'ils fléchissent bien les uns sur les autres; on portera son attention principalement sur les genoux, les jarrets, ainsi que sur la partie inférieure de ces quatre appendices, chez lesquels l'intégrité des tendons et des articulations est d'une si grande importance, étant destinés à soutenir le tronc dans la stature et à le transporter dans les différentes allures.

Comme nous aurons à nous servir dans l'étude des allures et des signalements d'expressions pouvant ne pas être familières à quelques-uns de nos lecteurs, nous allons en dire un mot.

On désigne sous le nom de bipède la réunion de deux membres considérés simultanément. On appelle *bipède antérieur, bipède postérieur*, la réunion de deux membres thoraciques, de deux membres abdominaux. *Le bipède latéral* est formé par un pied antérieur et un pied postérieur, du même côté. On appelle aussi *bipède diagonal* celui qui se compose d'un membre antérieur et d'un membre postérieur opposés en diagonale.

L'articulation du genou doit être soigneusement examinée, non-seulement pour savoir s'il n'existe pas de tumeurs synoviales, *ou vessignons*, mais encore pour s'assurer si sa face antérieure ne présente pas de traces de cicatrices plus ou moins anciennes indiquant que le cheval est ce *qu'on appelle couronné.* Cette tare étant un indice de faiblesse, indique presque toujours que l'animal a l'habitude de s'abattre.

Le genou peut cependant se couronner par accident sans qu'il y ait faiblesse ou usure. Il peut même se blesser, à l'écurie, contre le bord de la mangeoire. On doit donc rechercher avec soin si la plaie ne présente pas de callosités, consulter le bout du nez, les dents incisives. La présence de cicatrices dans ces régions indique toujours que les chutes du cheval sont fréquentes.

Les marchands, pour masquer la trace du genou couronné, l'enduisent de corps gras noirs qui la dissimulent assez bien sur les chevaux de robe foncée; d'autres fois, ils font adroitement un collage de poils pareils à la robe. Dans tous les cas, l'examinateur doit porter sur cette tare la plus grande attention, et s'assurer de la fraude en mouillant légèrement le creux de la main, et en passant cette dernière plusieurs fois sur la région.

On trouve encore sur le pli du genou des crevasses qui sont quelquefois incurables et périodiques chez quelques chevaux. Ces gerçures sont souvent masquées par les marchands de la même manière que pour dissimuler le couronnement.

Le jarret est une des régions les plus importantes à considérer à cause des mouvements étendus et répétés dont il est le siége. On doit l'examiner, d'abord, dans sa netteté, son épaisseur, sa longueur et sa direction. Dans le premier cas, dans un jarret net les formes osseuses sont fortement accusées, la corde bien distincte et le creux bien profond. Lorsqu'il y a trop de tissus cellulaires dans cette partie, on les appelle *empâtés*. Dans le deuxième cas, l'épaisseur doit être grande comme dans toutes les articulations des membres. Dans le troisième, le jarret doit présenter une lar-

4

geur absolue, car cette condition en fait la beauté. Dans le quatrième, *sa direction* dépend de l'angle qu'il forme. Ce dernier peut être plus ou moins ouvert. Dans la première condition, le jarret est *droit* ; dans la seconde, il est *coudé*. L'une et l'autre conformation peuvent convenir à certains services. Règle générale : on ne doit choisir que des animaux ayant des jarrets ni trop droits ni trop coudés.

Quand la pointe du jarret se porte fortement en dedans, en se rapprochant de celle du jarret opposé, on dit alors que le cheval est *crochu, jarretier, clos du derrière*. Il est, au contraire, *ouvert du derrière* lorsque les deux pointes s'écartent l'une de l'autre pour se porter en dehors.

Cette articulation est souvent, à cause de son principal centre de mouvement du membre postérieur, le siége d'exostoses plus ou moins volumineuses ayant reçu des noms différents suivant leur position.

On nomme *éparvin* l'exostose qui survient à la partie supérieure et interne de l'os du canon. Cette tumeur n'est pas la même que le défaut désigné sous le nom d'*éparvin sec*. L'éparvin ordinaire porte aussi le nom de calleux pour le distinguer d'une autre tumeur, moins dure, située au même endroit et que l'on appelle *éparvin de bœuf*.

La *jarde* ou *jardon* est une exostose située à la face externe du canon, à l'opposé de l'éparvin.

La *courbe* est le développement anormal de la tubérosité inférieure et interne du tibia se trouvant située au-dessus de l'éparvin.

On dit que le jarret est cerclé lorsque les exostoses l'entourent à peu près en entier. Indépendamment de ces dernières, il existe encore, dans cette articulation, des tumeurs synoviales ayant reçu différents noms. On appelle *vessigons* des tumeurs qui se développent dans le creux du jarret, soit à sa face interne, soit à sa face externe. Ils portent le nom de *vessigons chevillés*, quand ils sont apparents à la face des deux côtés du jarret.

On appelle *varice* une dilatation anormale de la veine saphène à son passage au pli du jarret.

La pointe du jarret présente quelquefois une tumeur désignée sous le nom de *capelet*. Cette tumeur, qui est ordinairement due à des coups, est très-désagréable à la vue, et peut être un indice de méchanceté et d'indocilité chez le cheval : ces tumeurs se développant presque toujours à la suite des ruades.

Le jarret peut être aussi le siége de crevasses qui se trouvent à son pli et qu'on appelle *solandres* ou *malandres*, que les marchands cherchent à cacher par les mêmes moyens employés pour celles du genou.

Les tendons étant des agents essentiels des mouvements du pied, méritent l'examen le plus attentif. Ils doivent être secs, fermes et bien distincts du canon. Ces conditions étant un indice de vigueur, c'est ainsi qu'ils sont appelés *tendons mous*, ou bien *secs*, ou *détachés*.

On l'appelle *tendon failli*, lorsque sa partie supérieure n'offre pas l'écartement désiré avec l'os vers ce point et semble être appliquée contre le canon.

L'engorgement, qu'il ne faut pas confondre avec l'empâtement, est une des maladies les plus fréquentes du tendon. Quand il passe à l'état chronique, il peut devenir *noueux*, ou bien se former en *ganglion*. Quand l'engorgement n'atteint que sa partie supérieure, on trouve aussi quelquefois sur le côté du tendon des tumeurs molles provenant d'une dilatation des gaînes synoviales.

Le pâturon doit toujours présenter une certaine force, et sa direction doit, autant que possible, tenir le milieu entre

la ligne verticale et la ligne horizontale ; cette direction qui
est toujours en rapport de sa longueur, fait appeler les chevaux qui les ont courts, *court-jointés*, et ceux qui les ont
longs, *long-jointés*. Dans l'examen de la couronne, ou la
partie inférieure du pâturon, on doit faire attention qu'il
existe souvent des tumeurs osseuses à son pourtour que
l'on appelle *formes*, ces dernières sont toujours une maladie grave.

Les sabots ou les pieds doivent être examinés de la
manière la plus scrupuleuse, puisque de la bonne conformation de cette partie résulte la véritable aptitude au service.

On les examinera d'abord sous le rapport de leur forme
générale, de la nature de la corne, et surtout des diverses
maladies qu'ils peuvent présenter.

Il est quelques défauts pouvant siéger à leur extérieur,
tels que les seimes, les pertes de substance qu'ont éprou-
vées les pieds dérobés, etc. On nomme *seime* une fente de la
paroi, étant plus ou moins grave, suivant sa longueur et
surtout sa profondeur ; c'est ainsi qu'elle est *complète* ou
incomplète, suivant qu'elle occupe toute la longueur du sabot
ou bien une partie ; suivant sa position on l'appelle *seime
en pince* ou *seime quarte ou en quartier*. Ces tares qui font
souvent boiter l'animal, sont souvent masquées, par les
marchands, avec des corps gras ou des mastics, quelquefois
même par de la boue. Il est urgent, si l'on suppose l'existence de ces vices, de faire laver les pieds du cheval pour
mieux s'en rendre compte.

Dans l'examen du cheval en vente, on doit toujours avoir
la précaution de faire lever les quatre pieds, pour s'assurer
d'abord si l'animal est docile, s'il se laisse facilement
ferrer, et se convaincre ensuite s'il n'existe aucune lésion

à la sole ou à la fourchette, telles que blêmes, crapauds, fics ou poiréaux.

On examinera ensuite la forme des fers, pour savoir si ces derniers ne cachent pas quelques maladies, s'ils ne dissimulent aucun défaut, enfin, si par leur épaisseur et leurs crampons exagérés, on n'a pas cherché à grandir le cheval.

Les marchands ont soin de faire mettre des fers couverts, avec une forte ajusture, pour faire paraître creux des pieds entièrement plats, et de cautériser au fer chaud des fics de la fourchette ainsi que des crapauds ; il est rare que l'odeur *sui generis* de ces derniers ne dévoile pas leur présence.

Examen du Cheval dans l'action.

Pour bien examiner le cheval en action, on tâchera autant que possible de le conduire et de l'exercer sur un terrain dur ou pavé ; il faut ne pas trop le tenir de court ; pour cela on laissera au bridon une certaine longueur de rênes pour mieux juger du port naturel de la tête et pour rendre ses allures plus libres ; on peut, en le tenant ainsi, s'apercevoir plus facilement des défectuosités que ces dernières peuvent présenter.

Beaucoup de garçons d'écurie font avec intention plier l'encolure de l'animal d'un côté ou de l'autre pour empêcher l'acheteur de juger la régularité de l'allure, et pour mieux cacher au moyen de ce mouvement certaines boiteries.

On commencera toujours par faire partir l'animal au pas, en ayant soin de se placer de manière à l'envisager en arrière au départ, puis pouvoir le regarder en face au retour ; cette position permet de bien juger de la régularité des

mouvements du tronc, de la tête et des membres : on peut
bien voir ainsi si ces derniers ne s'écartent pas trop en dehors ou en dedans ; ces différentes positions faisant *billarder*,
faucher, ou *couper* le cheval.

On l'examinera ensuite de profil, pour bien saisir l'harmonie qui doit exister entre l'avant-main et l'arrière-main,
voir si les pieds postérieurs prennent bien la place des antérieurs ; on s'assure en même temps si l'animal a un bon
pas et s'il l'exécute franchement ; si dans cette allure, il n'est
pas effrayé des corps qui l'environnent, s'il n'est pas ombra-
geux. Quand la vue est mauvaise, ses oreilles changent à
chaque instant de position, et le cheval élève fortement les
pieds antérieurs et les pose sur le sol avec une certaine
crainte.

On fait ensuite passer le cheval à l'exercice du trot : c'est
alors que l'examinateur doit redoubler d'attention, non-
seulement pour s'assurer de la bonté, de l'étendue, de la
vivacité de cette allure, mais encore pour bien reconnaître
les différentes boiteries se manifestant toujours plus facilement dans cet exercice,

On a le soin de faire tourner l'animal, tantôt à droite,
tantôt à gauche, de manière à déplacer ainsi le centre de
gravité, afin de surcharger chaque bipède latéral ; on devra
aussi le faire arrêter un peu court, pour s'assurer de la force
des reins et des jarrets. C'est aussi après un certain temps
d'exercice du trot, qu'on doit faire reculer le cheval pour
savoir s'il est immobile ; ce mouvement se fait alors avec
beaucoup plus de difficulté qu'à sa sortie de l'écurie ; on
sait que le cheval immobile n'exécute presque jamais le
mouvement de recul.

On peut reconnaître jusqu'à un certain point, la bonté et
la régularité de l'allure du trot d'un cheval, au bruit plus

ou moins fort qu'occasionnent les battues sur le pavé et à la vivacité avec laquelle elles se succèdent ; on peut s'assurer ainsi s'il trotte légèrement, ou bien lourdement.

Lorsque l'exercice du trot que l'on a dû rendre de plus en plus accéléré est terminé, il faut revenir à l'examen des organes respiratoires, et surtout à celui du flanc, qui aurait pu laisser de l'incertitude pendant le repos ; car sous l'influence de cet exercice, ces mouvements sont devenus plus fréquents et plus grands ; on peut alors distinguer plus facilement le *soubresaut* de la pousse, reconnaître encore diverses irrégularités des mouvements respiratoires indiquant toujours certaines altérations plus ou moins graves des organes pectoraux.

Dans de pareils cas d'irrégularité du flanc, certains marchands font prendre à leurs chevaux malades, quelques jours avant la vente, des médicaments ayant la propriété de rendre pendant quelque temps les mouvements du flanc plus tranquilles et plus réguliers ; mais pour autant d'efficacité que puissent avoir les substances employées, elles ne parviennent jamais à faire disparaître complétement le soubresaut de la pousse quand il existe déjà. Cette dernière maladie étant rédhibitoire, il est rare que dans les neuf jours du délai légal accordé pour exercer ses droits en garantie, on ne s'aperçoive pas de cette fraude.

Si ces remèdes sont impuissants pour faire disparaître le soubresaut de la pousse, il n'en est pas de même quand ils sont employés dans les autres maladies chroniques des organes respiratoires déterminant une irrégularité dans les mouvements du flanc ; dans beaucoup de ces cas, les effets pectoraux et anti-nerveux de certains médicaments peuvent masquer leurs symptômes pendant quelque temps ; dans ces circonstances, on doit ajouter une grande importance à la nature de la toux, ayant soin de la provoquer plusieurs fois en comprimant la trachée.

L'accélération de la respiration après l'exercice peut aussi mettre en évidence certains bruits produits par la colonne d'air traversant les voies respiratoires. Ces bruits, ainsi perçus, ont reçu différents noms, suivant leur intensité.

C'est pourquoi on appelle *gros d'haleine* le cheval faisant entendre un bruit de cette nature peu intense, et *corneur* celui chez lequel le mouvement respiratoire produit un sif-flement particulier plus ou moins rauque.

Ces deux bruits déprécient considérablement l'animal et nuisent à son service, car le cheval gros d'haleine ne peut supporter longtemps un exercice pénible à une allure rapide; et le cheval corneur y résiste encore moins, ce vice pou-vant le faire tomber asphyxié dans certaines conditions de service.

Ce dernier défaut ne devient ordinairement apparent que dans certaines circonstances pouvant favoriser son dévelop-pement; il faut souvent, pour bien l'apprécier, soumettre l'animal à un service pénible, mais comme on ne peut pas toujours obtenir cette condition de la part du vendeur à la visite d'achat, c'est pourquoi la loi a placé le cornage au nombre des vices rédhibitoires.

Après un certain temps d'exercice, il est bon de laisser au cheval une grande longueur de rênes de manière à l'aban-donner presque à lui-même; on peut mieux observer ainsi la manière dont il se place, et s'assurer par les diverses positions qu'il fait prendre à son corps et à ses membres s'il existe chez lui quelques boiteries, car si l'un de ces der-nier est faible ou souffrant l'animal cherche une position favorable pour y éviter le point d'appui.

Pour masquer les boiteries chroniques, certains marchands produisent sur les membres qui en sont affectés, des contusions, des épilations, des plaies même, pensant que ces moyens frauduleux feront croire à l'existence d'une claudication aiguë; il est bon dans ce cas là de réclamer une garantie d'assez longue durée de la tare suspecte.

Ces mêmes manœuvres sont quelquefois employées pour empêcher le diagnostic de la fluxion périodique au début. Par ces moyens appliqués adroitement sur les parties extérieures de l'œil ils espèrent faire croire à une ophtalmie aiguë et accidentelle.

Quoiqu'on n'exige pas souvent l'épreuve du galop dans la visite d'achat du cheval, il est cependant essentiel de s'assurer de la bonté de cette allure pour le cheval destiné au service de selle; pas tant pour le cheval de course, car on est ordinairement fixé par le résultat des courses dans lesquelles il a paru; mais bien pour le cheval de guerre, de chasse, d'amazone, ces derniers devant toujours posséder d'une manière agréable l'allure du petit galop.

Le point le plus essentiel de l'examen que nous faisons est, pour l'acquéreur surtout, l'essai de l'animal suivant le service auquel il le destine; cette épreuve est d'autant plus utile qu'elle permet de voir le cheval soustrait à l'influence des marchands et de ses palefreniers; surtout si ces derniers consentent à se retirer, et à vous laisser à votre aise juger par un exercice plus ou moins prolongé le fond de l'animal, et si la vigueur qu'il présentait entre leurs mains n'était pas factice, et surtout si certains défauts n'étaient pas cachés par la crainte de leur présence et de leurs manœuvres.

Examen de deux Chevaux appareillés ou choix d'un attelage.

C'est ordinairement pour le service de carrosse ou autres voitures de luxe que l'on recherche deux chevaux bien appa-

reillés. On doit être d'autant plus scrupuleux sur l'ensemble
de l'attelage que les animaux le composant sont presque
toujours mis dans des harnais et attelés à des voitures d'une
grande élégance, conditions ne manquant pas de faire ressortir les défauts d'harmonie qui pourraient exister entre les
deux chevaux; aussi est-il bon que l'examinateur se montre
assez exigeant et minutieux pour obtenir dans son choix un
bon effet d'ensemble, qui est une condition des plus recherchées dans le service de grand luxe.

Pour cela on place les deux chevaux côte à côte, pour
s'assurer si leur taille est égale, si leur robe est de la même
nuance, si leur conformation générale est en rapport mutuel;
en ayant soin, pour la taille et le volume du corps, de tenir
compte de la différence d'âge pouvant exister entre les deux
animaux. Il faut d'ailleurs autant que possible appareiller
des chevaux du même âge.

Après ce premier coup d'œil, on doit faire l'examen détaillé de chacun d'eux, comme nous l'avons indiqué dans le
chapitre que nous venons de décrire; cela fait, on remet les
deux chevaux ensemble et dans la même position qu'on les a
observés la première fois; on procède alors à l'examen des
allures.

Comme l'assemblage mal combiné des allures nuit considérablement à l'élégance de l'attelage et fatigue également
les deux chevaux, l'examinateur doit porter la plus grande
attention sur leur ensemble; il doit, pour se rendre compte
de ce point important de la visite, faire marcher et trotter
les deux chevaux placés comme à la voiture, pour que, ainsi
accouplés, il puisse mieux juger du rapport qui doit exister
dans leurs mouvements.

Ce n'est qu'après cet examen qu'il faut les faire atteler et
les examiner de nouveau sur un terrain plus ou moins acci-

denté. Pendant que l'on met les harnais aux chevaux que l'on va éprouver, comme ces harnais sont ordinairement fournis par les marchands, il ne faut pas oublier de les passer en revue, de manière à s'assurer s'ils n'offrent rien d'extraordinaire dans leur confection, et surtout observer toutes les manœuvres que peut faire le palefrenier pour les mettre et les faire accepter par le cheval. Cet examen est d'autant plus utile qu'il suffit de quelques-unes de ces manœuvres pour empêcher le cheval de manifester certains défauts graves qu'il a réellement.

Quand un cheval ne s'attèle pas bien, qu'il est indocile et froid au collier, alors tous les palefreniers et garçons de l'écurie se rassemblent autour de lui et du véhicule où il est attelé; chacun joue son rôle, les uns sont là pour donner la première impulsion à la voiture que l'animal refuserait de traîner sans cette manœuvre, les autres pour faire comprendre à ce dernier, au moyen de certains attouchements, ce qu'il doit faire sous peine d'être corrigé. Aussi est-il prudent et essentiel, quand on le peut, de faire essayer et conduire l'attelage que l'on veut acquérir par une personne étrangère à l'écurie du marchand.

Comme il est rare que deux chevaux appareillés présentent les mêmes qualités, les marchands profitent souvent d'une similitude de taille et de robe pour faire passer un cheval médiocre au moyen d'un meilleur sur lequel ils cherchent à attirer de préférence l'attention de l'acheteur : on doit se méfier de cette ruse et examiner avec plus d'attention celui qu'ils vous montrent le moins.

Comme c'est surtout chez le cheval que les allures méritent une attention particulière, puisque ce n'est que de la force et de la liberté des mouvements de cet animal que dépend la somme de services qu'il peut rendre, aussi croyons-

nous utile d'en dire un mot dans notre examen du cheval en
vente, nous contentant de les décrire d'une manière générale ainsi que leurs défectuosités : une description particulière et détaillée de chacune de ces dernières dépasserait le
but de cet ouvrage qui doit être abrégé autant que possible.

Allures et leurs défectuosités.

On désigne sous le nom d'*allures*, une suite de mouvements diversement combinés , par lesquels les quadru-
pèdes se transportent d'un lieu dans un autre. Elles peuvent
être naturelles, ou bien acquises par l'éducation ; les premières ayant été divisées en *bonnes* ou *défectueuses*, doivent
seules nous occuper ici.

Les trois allures naturelles admises comme bonnes par
les écuyers, sont : 1° le *pas* ; 2° le *trot* ; 3° le *galop*. Nous ne
pouvons pas, cependant, regarder comme défectueuses les
allures de l'*amble*, du *traquenard* et du *pas relevé* ; quoique
rejetées avec raison par les manéges, elles sont recherchées
pour certains services.

Dans une allure quelle qu'elle soit, on désigne sous le
nom de *pas complet*, la succession des mouvements des
quatre extrémités, soit que celles-ci agissent deux à deux,
comme dans le trot, soit qu'elles agissent isolément, comme
dans le pas.

Une allure quelconque sera toujours bonne si les mouvements de l'animal sont francs, rapides, s'il entame bien le
terrain sans se donner trop de fatigue, si les battues sont
régulièrement espacées, si les membres , en un mot, présentent dans leur action la souplesse et la vigueur réunies.

On dit que le cheval *trousse*, quand il relève fortement les
extrémités antérieures en trottant ; cette action, qui donne
toujours un certain brillant pouvant convenir au service de

manège et de parade, enlève à l'animal une partie de sa force, surtout lorsque cette allure est portée à l'excès. Si, au contraire, le cheval ne relève pas assez les membres, on dit qu'il *rase le tapis :* cette manière de marcher l'expose à *buter* souvent et à *s'abattre.*

On dit que le cheval se *berce,* lorsque pendant les allures son corps éprouve un balancement latéral très-prononcé pouvant être comparé aux oscillations d'un berceau ; l'animal peut se bercer du devant, du derrière ou des deux trains à la fois ; dans tous les cas, ce défaut le rend peu propre aux allures rapides.

Lorsque chez les chevaux, le sabot d'un membre ou le fer qu'il porte touche la couronne ou le boulet d'un autre membre, et détermine, suivant la gravité du choc, soit une contusion, soit une plaie, on dit alors qu'ils *s'attrapent, s'atteignent,* se *coupent.* Ils peuvent s'attraper ou se couper par faiblesse, ou bien par suite de mauvaise conformation : la ferrure mal appliquée peut donner lieu à ce défaut. Les chevaux trop serrés du devant ou du derrière, ceux surtout ayant les pieds plats et larges, sont très-sujets à ces vices, pouvant être facilement corrigés par un bon régime et surtout par une ferrure bien entendue.

On dit qu'un cheval *forge,* lorsque pendant le trot, surtout, il fait entendre un bruit particulier provenant du choc de son pied postérieur sur le pied antérieur qui lui correspond.

On dit que l'animal forge *en éponge* ou en *voûte,* suivant la partie du fer qui est frappée par la pince du fer de derrière : ce défaut indiquant un manque d'harmonie dans le mouvement réciproque des bipèdes antérieurs et postérieurs, peut faire naître, quand le choc se produit plus haut que le pied, des *javarts,* des nerfs-ferrures.

On doit se méfier des allures du cheval portant aux pieds de derrière des fers à pince tronquée et ayant à ceux de devant des fers à éponge raccourcie : cette ferrure est ordinairement employée pour remédier au dernier défaut que nous venons de signaler.

Quand les mouvements de l'épaule sont raccourcis et exécutés péniblement, on dit alors que le cheval a *les épaules froides*, qu'il *est pris des épaules* ; si ce défaut est exagéré et que les épaules semblent être fixées au thorax, on dit qu'elles sont *chevillées*.

Lorsqu'un cheval est atteint au jarret *d'éparvin sec*, le mouvement prompt et convulsif que fait le membre dès que le pied quitte le sol s'appelle *harper* ; la plupart des chevaux harpent plus en sortant de l'écurie que lorsque le jarret affecté est chauffé par l'action. Dans tous les cas, l'éparvin sec rompt toujours la régularité de l'allure ; étant un vice presque toujours incurable, sa présence diminue beaucoup la valeur du cheval.

Chez quelques chevaux l'appui des membres postérieurs ne se fait pas avec fermeté, leurs jarrets mal affermis éprouvent des mouvements latéraux faisant dire que l'animal a les jarrets *vacillants* ; ce défaut indique toujours de la faiblesse dans cette région et empêche le cheval de reculer facilement.

Lorsque le cheval offre dans sa marche une vacillation très-forte du train postérieur, imitant jusqu'à un certain point la marche d'un homme ivre, on dit alors qu'il a un *effort de reins ;* vice grave qui nuit considérablement au service et à la valeur de l'animal.

On dit qu'un cheval *boite* lorsque, pendant les allures à percussion régulière, un membre ne prolonge pas son appui

autant que les trois autres et ne fait pas entendre une battue
aussi forte que ces derniers.

Quand la boiterie est légère, on dit que l'animal *feint* ;
si, au contraire, elle est très-marquée, on dit qu'il *boite
tout bas.*

Si les claudications bien développées se reconnaissent
facilement, il n'en est pas de même de celles qui sont peu
sensibles. Cette partie de l'examen du cheval est très-
essentielle et souvent très-difficile, non-seulement pour
savoir si l'animal boite de tel ou tel membre, mais surtout
pour reconnaître dans quelle région du membre siége la
boiterie. Aussi croyons-nous utile de donner ici quelques
moyens d'exploration basés sur notre expérience.

Quand le cheval boite du devant, il rejette sa tête en
arrière et un peu de côté au moment où il pose le membre
malade, pour repousser par ce mouvement, sur le bipède
postérieur et sur le membre antérieur non souffrant, une
forte partie du poids de son corps ; l'appui du membre
douloureux est toujours plus court que celui chez lequel
il n'existe pas de boiterie.

Si, au contraire, le cheval boite d'un membre postérieur,
c'est alors la croupe qui se soulève au moment de l'appui
pour diminuer le poids que supporterait le membre malade
sans ce mouvement ; de plus, il baisse souvent la tête pour
attirer sur le bipède antérieur le poids de l'arrière-main.

Comme le plus grand nombre des boiteries ont leur siége
dans le pied, pour peu qu'il y ait de doute sur le point douloureux, on doit toujours faire déferrer le pied du membre
malade et l'explorer avec attention ; l'appui sur la pince
indique presque toujours une boiterie dans le sabot ou dans
le jarret. On peut s'assurer encore si la boiterie existe dans
le pied, ou dans les autres régions du membre, en faisant

marcher l'animal boiteux dans un terrain mou ou bien sur un fumier épais : alors la claudication diminue ou disparaît si elle existe dans le pied ; elle persiste ou elle augmente si elle siége dans une autre partie.

Si l'animal est boiteux de l'épaule, il lève péniblement son membre pour le porter en avant, en lui faisant toujours décrire une courbe en dehors : on dit alors qu'il *fauche*. On trouve souvent ce mouvement dans les affections d'épaule désignées sous le nom d'*écarts-efforts*.

Si le cheval boite de l'articulation coxo-fémorale, le mouvement qui soulève la croupe est beaucoup plus fort que dans les autres boiteries ; on dit alors que l'animal boite *de la hanche.*

La claudication du grasset est toujours reconnaissable à la difficulté qu'éprouve l'animal à lever et à porter en avant le membre malade.

L'effort du genou ou du jarret se manifeste par la difficulté qu'a l'animal à fléchir ses articulations malades et par l'arc de cercle que décrit, dans ce cas, le membre de dedans en dehors.

La position des membres pendant la station libre, peut souvent indiquer leur état de souffrance : les animaux évitent alors de les appuyer sur le sol en les portant en avant, surtout ceux du train antérieur ; cette position fait dire que le cheval *tire des armes* ou bien *qu'il montre le chemin de Saint-Jacques.* Ces défauts doivent être pris en considération dans le diagnostic des boiteries.

On s'assure encore du siége de la boiterie par la pression des régions du membre, par les divers mouvements que l'on fait exécuter à leurs rayons, par la chaleur que l'on perçoit en appliquant la main sur les parties malades, et en bien examinant surtout la nature des tumeurs pouvant avoisiner les articulations et en tenant compte de l'état de la ferrure.

Il y a des boiteries qui ne sont apparentes que dans certaines circonstances particulières ; on les désigne alors sous le nom de *boiteries intermittentes* pour cause de vieux mal. Les unes apparaissent lorsque l'animal sort de l'écurie après un certain temps de repos : ce sont celles appelées *boiteries à froid* ; ces dernières disparaissent après un exercice plus ou moins long. Les autres, plus rares, ne se montrent au contraire que si le cheval a été exercé pendant un certain temps ; on les appelle, alors, *boiteries à chaud*.

Les conditions particulières dans lesquelles se développent ces sortes de boiteries constituent un défaut caché admis au nombre des vices rédhibitoires par la loi du 20 mai 1838.

C'est en soumettant le cheval à l'allure du trot et en l'exerçant sur un terrain dur que l'on reconnaît bien plus facilement les boiteries peu sensibles ou obscures, les vives percussions ayant toujours lieu, dans cette allure, augmentent inévitablement la douleur ; on peut encore mieux s'en convaincre en faisant tourner vivement l'animal sur le membre suspect : celui-ci, éprouvant ainsi une surcharge, fléchit pour s'y soustraire.

Voilà les moyens pratiques qui m'ont paru les plus rationnels afin d'arriver à diagnostiquer le mieux possible les diverses boiteries du cheval.

Robes des animaux de l'espèce Chevaline et Bovine, et leurs particularités.

En histoire naturelle, on nomme robe l'ensemble des poils et des crins qui recouvrent un mammifère ; chez nos grands animaux domestiques elles ont reçu des noms différents, suivant la couleur et la nuance qu'elles affectent.

Les poils qui les forment ne présentent, chez ces derniers, que très-peu de différence sous le rapport de leur propre couleur ; c'est surtout le mélange de nuances qui forme la multiplicité et la variété des robes. Les couleurs principales sont le noir, le blanc et le rouge plus ou moins brun ; les deux premiers mélanges donnent le gris plus ou moins foncé, le blanc jaunâtre ou sale ; quant au rouge, il donne différentes nuances remontant vers le brun foncé et descendant jusqu'au jaune.

On a divisé les robes en simples et en composées, suivant qu'elles présentent des poils d'une seule ou de plusieurs nuances ; d'autres classifications ont été établies suivant le nombre de nuances composantes ; ces dernières nous paraissent tout à fait inutiles pour l'étude que nous allons faire, dans laquelle nous placerons en première ligne les genres présentant le plus de simplicité.

Robe noire.

Cette robe, qui n'a pas besoin d'être définie, comprend plusieurs espèces :

1° Le *noir franc*, offrant une couleur noire pure et sans reflet ;

2° Le *noir jais* ou *jaïet*, présentant un reflet luisant analogue à celui du minéral qui porte ce nom ;

3° Le *noir mal teint* ; cette espèce présente un noir tirant sur le brun.

Robe blanche.

Cette robe ne présente que deux espèces, savoir : 1° le *blanc mat* ou blanc proprement dit ; 2° le *blanc sale* tirant sur le jaunâtre ; il existe aussi, sur certains chevaux à peau très-fine, une robe blanche à reflet que l'on appelle *blanc de porcelaine,* à cause de sa ressemblance avec cette matière.

Robe souris.

Chacun des poils composant cette robe a une teinte grise qui ressemble beaucoup à celle du pelage de la souris ou petit rat des maisons; on distingue, dans ce genre : 1° le *souris clair*; 2° le *souris foncé.*

Robe Isabelle.

Cette robe est formée de poils jaunes seulement, ou bien d'un mélange de poils jaunes et de poils blancs, mais dans tous les cas, la robe réfléchit une teinte jaunâtre présentant les deux nuances suivantes : 1° *l'Isabelle clair*; 2° *l'Isabelle foncé;* les animaux porteurs de cette robe ont souvent les crins noirs et la *raie de mulet.*

La robe Isabelle a reçu plusieurs désignations suivant l'analogie qu'elle présente avec certains objets; c'est pourquoi on l'appelle *soupe de lait,* quand elle a une nuance intermédiaire entre sa couleur claire et un blanc sale; elle est encore nommée *café au lait;* cette dernière offre encore deux degrés, suivant la teinte plus ou moins rougeâtre qu'elle présente; c'est ainsi qu'elle est *café clair* ou *café foncé.*

Robe baie.

Le cheval bai est celui dont les poils présentent une nuance du rouge et qui a en même temps les crins de l'encolure et des extrémités noirs : les nuances de cette robe sont assez nombreuses et forment les espèces suivantes que nous indiquerons, en procédant de la plus claire à la plus foncée :

1° Le *bai fauve* offrant une teinte jaunâtre plus foncée

que celle de la robe Isabelle et se rapprochant beaucoup de la couleur du pelage des bêtes fauves, comme le cerf, le chevreuil, etc. ;

2° Le *bai clair* : Cette espèce présente la couleur réellement rouge, mais ayant une teinte claire ;

3° Le *bai cerise* est le bai dans lequel le poil est le plus rouge ; cette robe offre une teinte mal exprimée par le mot *cerise* ; la nomination d'*acajou* lui conviendrait mieux, sa couleur se rapprochant plus de celle de ce bois que de celle du fruit auquel on la compare ;

4° Le *bai foncé* : Dans celui-ci, le rouge commence à passer au brun, mais d'une manière encore peu marquée.

5° Le *bai châtain* : Le fonds de cette robe est d'un brun ressemblant parfaitement à la couleur de l'écorce du fruit du châtaignier ;

6° Le *bai marron* : Cette robe n'est qu'un mélange de bai brun et de bai cerise ; le marron d'Inde sorti récemment de son enveloppe, présente d'une manière parfaite le mélange de ces deux nuances ;

7° Le *bai brun* : C'est un brun très-foncé, presque noir, présentant souvent dans les régions des fesses, des flancs, du nez une teinte claire fauve ou un reflet d'un rouge vif.

Robe alezane.

L'*alézan* ou *alzan* présente les mêmes nuances que le bai, avec cette différence que les extrémités, au lieu d'être noires, sont de la même couleur que la robe, ainsi que les crins, ces derniers pouvant être plus clairs ou presque blancs ; le reflet de l'alzan est toujours un peu moins vif que celui du bai, surtout dans les nuances foncées ; les espèces étant à peu près les mêmes que celles du genre pré-

cédent, nous nous contenterons de les indiquer : ce sont :
1° l'*alzan fauve*; 2° l'*alzan clair*; 3° l'*alzan cerise*; 4° l'*alzan
foncé*; 5° l'*alzan châtain*; 6° l'*alzan brûlé*; cette dernière
robe étant souvent foncée, ressemble assez à la couleur du
café torréfié.

La robe alzane présente plus souvent que la robe baie
des marques blanches aux membres et à la tête, et ces dernières occupent, en outre, plus d'espace; il est rare que les
chevaux alzans ne présentent aucun poil blanc.

Robe grise.

Cette robe est formée d'un mélange de poils blancs et
de poils noirs, dans des proportions très-variées; aussi
compte-t-on beaucoup d'espèces dans ce genre, qui sont :

1° Le *gris très-clair* se rapprochant beaucoup du blanc ;

2° Le *gris clair*; dans celui-ci, les poils noirs sont plus
abondants, mais les blancs dominent encore ;

3° Le *gris ordinaire* dans lequel le mélange des poils est
à peu près égal ;

4° Le *gris foncé* : Dans celui-ci, les poils noirs sont plus
nombreux que les blancs ;

5° Le *gris ardoisé* : C'est un gris foncé à reflet bleuâtre
analogue à celui de l'ardoise avec laquelle on l'a comparé ;
ce gris peut être plus ou moins foncé ;

6° Le *gris de fer* : Celui-ci est très-foncé et ne présente
aucun reflet bleuâtre, se rapprochant beaucoup de la robe
noir mal teint ;

7° Le *gris tourdille*, ainsi appelé à cause de son analogie
avec le plumage de la grive (turdus); il offre une nuance
grise un peu jaunâtre, parsemée de tâches noirâtres;

8° Le *gris étourneau* : Cette robe très-rare n'est autre

chose qu'un gris foncé, parsemé de tâches plus claires et de petite dimension;

9° Le *gris sale* : On appelle ainsi le gris tirant sur le roux qui est très-mal nuancé.

La robe grise varie beaucoup avec l'âge, les poils noirs diminuent à mesure que le cheval vieillit.

Robe Aubert.

La robe aubert ou aubère est composée de poils blancs et de poils rouges, dans des proportions variées, ayant les crins également mélangés de rouge et de blanc, ou seulement de l'une des deux couleurs du mélange; on appelle aussi *fleur de pêcher* la teinte rosée de cette robe.

On distingue plusieurs espèces d'aubert; savoir, 1° *l'aubert ordinaire*, dans lequel le mélange des deux poils est à peu près égal; 2° *l'aubert clair*, présentant plus de blanc que de rouge; 3° *l'aubert foncé*, qui se trouve dans des conditions opposées à ce dernier. On appelle *mille fleurs*, l'aubert dans lequel les poils rouges et les poils blancs sont disséminés en petites mèches distinctes.

Les chevaux aubert ont ordinairement la tête et les extrémités couvertes de poils rouges sans mélange de blanc.

Robe rouanné.

On désigne sous le nom de rouanne, une robe formée d'un mélange de poils blancs, de poils noirs et de poils rouges; mais pour qu'un cheval soit rouan il suffit que la surface du corps présente un mélange de blanc et de rouge, pourvu que la queue, la crinière et les extrémités soient noires ou mélangées des trois couleurs de la robe. Le rouan est donc à l'aubert à peu près ce que le bai est à l'alzan.

Le rouan offre plusieurs espèces, savoir : 1° *le rouan ordinaire*, dans lequel le mélange est dans des proportions à peu près égales ; 2° *le rouan clair*, dont l'aspect est blanchâtre, par suite de la prédominance des poils blancs ; 3° *le rouan vineux* dans lequel le rouge prédomine ; 4° *le rouan foncé* dans lequel les poils noirs donnent leur reflet foncé à la robe ; ces variétés peuvent être plus ou moins claires ou vineuses.

Robe Louvet.

La robe Louvet présente un mélange de jaune et de noir, et peut-être quelquefois de blanc ; mais, presque toujours, chacun des poils composant cette robe présente les deux premières couleurs, le noir à l'extrémité ; du reste le louvet n'est autre chose qu'un isabelle foncé à crins et extrémités noirs, c'est un *isabelle charbonné* ; il peut présenter deux espèces, savoir : 1° Le *louvet clair* ; 2° Le *louvet foncé*.

Robe Pie.

On entend par robe pie, celle qui présente un mélange par plaques, du blanc et de toutes les nuances des différentes espèces de robes ; c'est ainsi qu'on distingue le *pie noir*, le *pie bai*, le *pie alzan*, le *pie gris*, le *pie rouan*, suivant la nuance de ces robes.

Voilà, je crois, les genres et les espèces auxquels on rapporte le plus grand nombre de robes que présentent les chevaux. Nous allons maintenant passer en revue certaines particularités pouvant modifier les robes, en commençant par celles que l'on rencontre sur toute la surface du corps, ou sur des points indéterminés, et nous terminerons cet examen par celles qui se remarquent toujours sur la même région.

Particularités sans siége fixe.

Ces particularités peuvent être au nombre de dix-huit, savoir :

1° *Zain,* lorsque l'animal ne présente aucune trace de poils blancs sur la surface du corps ; exemple : *noir-franc-zain, bai-cerise-zain* ;

2° *Rubican,* lorsque les poils blancs sont disséminés sur une partie ou sur la totalité de la surface du corps, en quantité trop petite pour changer la robe ; ex. : *bai brun, rubican ; alzan foncé, fortement rubican* ;

3° *Argenté,* lorsque la robe blanche ou grise présente un reflet brillant ; ex. : *gris clair argenté* ;

4° *Doré,* quand les robes de nuance jaune ou rougeâtre présentent un lustre couleur d'or ;

5° *Lavé* : On appelle lavées les robes présentant une nuance pâle, blafarde, comme si le poil avait été déteint par un lavage ;

6° *Vineux* : On appelle ainsi les robes blanches et grises présentant sur leur surface ou sur certains endroits des points rouges en trop petite quantité pour changer la robe ; ex. : *gris clair vineux, gris salé vineux* ;

7° *Pommelé,* lorsque des taches arrondies et plus foncées que le reste de la robe s'y font remarquer ; ex. : *gris clair pommelé* etc. ;

8° *Miroité,* lorsqu'on remarque sur une robe foncée des taches plus claires que le fond de la robe ; ex. : *bai foncé miroité, alzan brûlé miroité* ;

9° *Moucheté,* le blanc et le gris clair prennent ce nom, lorsque la robe est parsemée de taches noires de très-petite dimension ; ex : *gris clair fortement ou légèrement moucheté* ;

10° *Truité* : On dit que la robe est truitée lorsque les mouchetures sont de couleur rouge au lieu d'être noires ;

11° *Tigré,* lorsque la robe présente des taches noires d'une certaine dimension lui donnant l'aspect de la peau du tigre ;

12° *Neigé* : On appelle les robes neigées celles où le blanc est peu abondant, et qui présentent des mouchetures blanches ressemblant à des flocons de neige ; ex. : *bai clair neigé, gris foncé neigé ;*

13° *Tisonné ou charbonné* : On ajoute ce nom aux nuances claires du gris quand elles présentent sur divers points des marques irrégulières qui semblent avoir été faites avec un *tison charbonné ;* ex. : *gris clair tisonné ;*

14° *Zébré* : Les zébrures se remarquent sur les extrémités des chevaux de robe peu foncée, comme l'isabelle, le souris ;

15° *Bordé* : Les *pelotes* et les *listes* sont dites bordées lorsqu'il existe à leur pourtour une marge formée d'un mélange de poils de robe, avec les poils blancs de la marque ; nous trouvons la bordure aux *balzanes ;*

16° *Épis* : On donne ce nom à des changements de direction de poils se faisant remarquer dans certains points de la robe ;

17° *Taches de ladre* : On appelle ainsi des taches blanches que l'on remarque sur des points où les poils sont rares et fins, et qui sont dues à l'absence de la matière colorante de la peau et non aux poils eux-mêmes ; ces taches ne se montrent guère qu'aux lèvres du cheval, *qui boit dans son blanc ;*

18° *Marque de feu* : On dit que le cheval est marqué de feu lorsque certains points de son corps présentent une couleur d'un rouge vif contrastant avec une nuance obscure. C'est surtout aux fesses, aux flancs, au nez, que l'on remarque le plus souvent ces taches. Exemple : *Bai brun marqué de feu aux flancs, aux fesses ou aux naseaux.*

Particularités de la tête.

Les particularités de la tête peuvent se présenter au nombre de cinq, savoir :

1° *Cap de Maure* : Par cette expression, signifiant *tête de Maure*, on indique que l'animal a la tête noire ou au moins la prédominance de cette couleur ; cette particularité de la tête ne se rencontre guère que dans les chevaux *gris ardoisé* ou *rouan foncé ;*

2° *Pelote, étoile :* On appelle ainsi les marques blanches plus où moins étendues existant sur le front du cheval ; on les désigne sous le nom d'étoiles ou pelotes, suivant leur forme. L'animal peut être plus ou moins marqué en tête, suivant leur étendue ;

3° *Liste,* du mot latin *(lista)* : Bande qui remplace la pelote ou lui fait suite, en descendant sur le chanfrein ;

4° *Belle face :* On appelle ainsi la liste occupant toute la partie antérieure de la tête, y compris les yeux ; cette marque, donnant toujours un air stupide au cheval, devrait être appelée plutôt *face blanche* que *belle face :* cette dénomination étant plus exacte ;

5° *Moustache :* On appelle ainsi un petit bouquet de poils raides et frisés se présentant, chez certains chevaux, de chaque côté du bout du nez.

Particularités du tronc.

Les particularités du tronc sont :

1° *La raie de mulet :* On a donné improprement ce nom à une raie de couleur foncée, s'étendant depuis le bord supérieur de l'encolure jusqu'à la naissance de la queue, en suivant l'épine dorsale. Cette marque se trouve ordinaiment sur les robes claires comme l'isabelle; elle est souvent accompagnée de *zébrures*, et suivant sa disposition cette raie peut être *doublé* ou croisée. Exemple : *isabelle clair raie de mulet croisée;*

2° *Taches blanches accidentelles :* Ces marques de poils sont produites par des blessures ; elles peuvent être indiquées à la fin du signalement du cheval;

3° *Couleur des crins :* Les crins ne sont pas ordinairement compris dans la nuance générale de la robe ; une seule, le bai, indique pour eux une couleur constante.

La queue et la crinière peuvent être noires chez des chevaux dont la robe ne porte pas de poils de cette couleur ou ne les admet qu'en minime quantité. Telles sont les robes isabelle, gris clair ; on doit alors ajouter au genre et à l'espèce de la robe le mot à crins noirs : quand les nuances sont accompagnées de crins blancs, on ajoute le mot à crins blancs.

Particularités des membres.

Les particularités des membres sont les balzanes et la couleur des sabots : on comprend quelquefois la couleur de ces derniers dans le signalement du cheval.

1° Les *balzanes* sont des taches blanches circulaires qui terminent souvent la couleur de l'extrémité des membres en les entourant d'une ceinture plus ou moins large; suivant cette largeur, elles ont reçu diverses qualifications ; si la tache est petite et n'entoure pas complétement la couronne, elle est dite *trace de balzane :* c'est ainsi qu'elle peut être *petite, grande, haut-chaussée, complète* ou *incomplète,* suivant leur étendue; elle peut être encore *bordée, dentée* ou *dentelée,* si elles se terminent par une bordure ou des dentelures. et enfin, la balzane peut être aussi *mouchetée, truitée, tigrée.*

La couleur générale des extrémités et la couleur des sabots sont souvent indiquées dans le signalement du cheval. Exemple : *Isabelle foncé à extrémités noires, ou grises ;* isabelle foncé à sabot noir ou blanc.

Robes de l'espèce Bovine.

Quoique le signalement des bêtes bovines soit d'un usage beaucoup moins fréquent que celui du cheval, il y a cependant des circonstances où il devient nécessaire de l'établir même sur un grand nombre d'animaux à la fois ; c'est ce qui arrive dans les enzooties et les épizooties, quand on est obligé de procéder au recensement général des bêtes bovines d'une ou plusieurs communes.

Les robes dans cette espèce offrent de nombreuses variétés qu'il n'est pas toujours facile de désigner : le mélange des couleurs, l'absence de la crinière, l'uniformité du pelage sur une grande quantité de bestiaux de la même contrée, sont autant de difficultés empêchant de donner à leur robe un nom caractéristique.

Le bai n'existant pas dans l'espèce bovine, il s'ensuit que la dénomination d'*alezan* devient inutile et qu'il suffit de conserver pour établir le signalement le nom de la nuance. Ainsi nous trouvons dans les différents degrés de la couleur rouge : le *fauve*, le *cerise*, le *brun*, le *marron* ; chacune de ces nuances, la première surtout, présentant divers degrés d'intensité. Le fauve clair porte dans quelques contrées le nom de *froment* par comparaison avec la couleur du grain de blé.

Le noir, le blanc et le souris sont, après les variétés du rouge, les robes que l'on rencontre le plus fréquemment chez nos grands ruminants ; mais les robes *pies* sont les plus communes de toutes et peuvent se former avec toutes les autres nuances indiquées.

Pour le bœuf comme pour le cheval, on place le mot pie avant ou après la nuance, pour indiquer si c'est le blanc ou le poil de couleur qui domine ; dans un bon signalement on indique de plus la *forme*, la *multiplicité*, l'*étendue*, la *position* des principales taches de couleur sur le blanc, ou des taches de blanc existant sur le fond coloré de la robe.

Le mufle offre encore un bon moyen de distinction, par les différentes couleurs qu'il peut présenter. Il peut être de couleur *claire* ou *rose*, de couleur *noire*, *brune* ou enfin *marbré de noir*. Quelquefois il peut être *bordé* d'un cercle différent de la robe.

Enfin les onglons et les cornes peuvent encore donner au signalement une plus grande exactitude, soit par leur *couleur*, leur *longueur*, leur *direction*, leur *forme*.

La robe est dans l'espèce bovine, bien plus que dans celle du cheval, un caractère de race, chacune de ces dernières porte ordinairement son pelage particulier avec de légères variantes : c'est ainsi que les bœufs de la Camargue ont la robe noire ; ceux de la Franche-Comté et de la Bresse portent presque tous la robe *fauve* ou *froment* ; ceux de la Hollande et de la Belgique sont presque tous de poil *pie noir* ; ceux d'Italie ont souvent la robe souris.

Les croisements des différentes races ont apporté une grande modification dans les formes et ont varié singulièrement les nuances des robes des animaux de l'espèce bovine.

Age du Cheval et du Bœuf.

Comme l'âge des animaux qui nous occupent, surtout celui du cheval, influe beaucoup sur leur valeur commerciale, on s'est attaché depuis longtemps à découvrir les moyens de le reconnaître.

Les dents fournissent à cet égard les indices les plus sûrs, auxquels viennent se joindre, pour les animaux pourvus de cornes, les signes pouvant être tirés de ces organes. Nous allons faire connaître aussi brièvement que possible l'âge du cheval et du bœuf, en commençant par le premier de ces deux animaux.

Age du Cheval.

De tous les moyens employés pour connaître l'âge des chevaux, le seul auquel on puisse sûrement s'en rapporter c'est l'examen des signes fournis par les dents.

Le cheval a ordinairement quarante dents, savoir : douze incisives, quatre canines ou crochets et vingt-quatre molaires. Quelquefois chez les juments les crochets manquent et le nombre des dents est alors réduit à trente-six ; les juments qui par exception les possèdent s'appellent dans ce cas *bréhaignes*. Quelquefois aussi, mais rarement, le nombre total des dents s'élève jusqu'à quarante-quatre, par l'existence des molaires supplémentaires se trouvant alors situées des deux côtés de chaque mâchoire en avant de la première molaire caduque.

Les *incisives* sont placées en demi-cercle à l'extrémité de chaque mâchoire ; elles se divisent en *pinces*, *mitoyennes* et *coins* : ces dents, d'abord caduques, sont avec l'âge remplacées par d'autres dites de remplacement.

Les *pinces* sont les deux qui se trouvent placées en avant et au centre de l'arcade dentaire, elles se montrent les premières, c'est-à-dire quelques jours après la naissance du poulain.

Les *mitoyennes* sont celles qui touchent les pinces en

dehors et qui se montrent les secondes, du trentième au quarantième jour après la naissance du jeune cheval.

Les *coins* sont les dents qui terminent le demi-cercle formé par l'arcade dentaire incisive ; ils varient beaucoup dans leur éruption, ayant lieu généralement du sixième au dixième mois après la naissance du sujet.

Les *crochets* ne font leur sortie que quelques années après la naissance du cheval ; ils sont persistants, c'est-à-dire qu'ils n'éprouvent ni chute ni nouvelle éruption après leur venue.

Les *molaires* se divisent en avant-molaires et en arrière-molaires ; elles sont placées, savoir : les premières au nombre de trois, de chaque côté et à chacune des deux mâchoires ; ces dernières sont, comme les incisives, soumises à la caducité et au remplacement ; les arrière-molaires sont placées plus en arrière et dans la même position que les avant-molaires ; elles sont persistantes, c'est-à-dire qu'elles ne chutent ni elles ne se renouvellent pas, après leur éruption. Nous avons dit qu'il existait quelquefois des molaires supplémentaires : leur nombre est de quatre pour toute l'embouchure, placées une de chaque côté et aux deux mâchoires.

Les incisives sont les seules dents pouvant donner des notions exactes sur l'âge du cheval pendant presque toute la durée de sa vie ; l'éruption de ces dernières se fait premièrement par son bord extérieur, leur bord intérieur paraît ensuite laissant par son développement un grand vide au milieu de la dent appelé *cornet dentaire*. La dent est alors aplatie d'avant en arrière ; à mesure qu'elle s'use le cornet dentaire diminue et finit par disparaître en laissant d'abord un point noirâtre appelé *germe de fève*, puis une trace blanchâtre appelée *septum externe*, qui bientôt s'efface aussi ;

alors paraît le *septum interne* n'étant autre chose que la cicatrice du cornet intérieur nourrissant la dent.

Ce n'est que lorsque la dent a commencé à s'user qu'il existe une véritable surface de frottement à laquelle on donne le nom de *table* qui prend diverses formes suivant le degré d'usure ; elle devient d'abord ovale, puis ronde, puis triangulaire, et enfin aplatie dans le sens opposé à celui de la dent vierge. C'est l'observation des époques où ces divers changements s'effectuent qui constitue la connaissance de l'âge des chevaux.

Les dents de la mâchoire supérieure rasent moins régulièrement que celles de l'inférieure; aussi on ne doit y avoir recours qu'avec défiance.

Comme nous venons de le voir, les bases principales pour l'appréciation de l'âge des solipèdes sont, savoir :

1° L'éruption et le rasement des incisives caduques ; 2° l'éruption et le rasement des incisives de remplacement ; 3° l'apparition en dehors de l'ivoire de nouvelle formation remplissant la cavité interne de la dent ; 4° la disparition de la cheville émailleuse qui persiste après le rasement, faisant suite au cul-de-sac externe ; 5° les différentes formes que prend avec l'âge la table des incisives.

Nous avons cru utile, pour mieux résumer les diverses considérations sur l'âge du cheval et surtout pour les rendre plus concises et plus faciles à saisir, de publier un tableau pouvant être consulté dans tous les cas, espérant qu'il aura le double avantage, d'abord d'éviter les recherches des observations éparses, et ensuite de mettre les principes établis à la portée de tout le monde : c'est du reste le but que nous poursuivons dans notre ouvrage.

Avant de donner connaissance de ce tableau nous dirons un mot de la mauvaise dentition des chevaux.

Chevaux mal dentés.

Les chevaux *mal dentés* ou *mal bouchés*, sont ceux chez lesquels il existe une mauvaise conformation de dents, une usure trop ou pas assez considérable, une disposition vicieuse de ces organes ou bien des mâchoires, etc.

Ces dispositions dentaires constituent les chevaux dits *bégus* et les *faux bégus*,

Les chevaux *bégus* sont ceux chez lesquels la cavité des dents incisives persiste à l'époque où la mâchoire devrait avoir rasé. Cette condition indique un âge inférieur à celui qu'ils ont réellement. Cette anomalie peut exister dans toutes les dents incisives, mais on la remarque surtout dans les coins.

L'animal est dit *faux bégu* lorsque le nivellement de la dent est retardé et que l'émail central se fait encore remarquer à l'époque où il devrait avoir disparu. Par la même raison que pour le bégu le cheval ne peut pas devenir faux bégu avant l'âge de douze ans. Dans tous les cas la marque insolite du bégu et du faux bégu ne saurait induire en erreur celui qui ne prononce qu'après un examen attentif et après avoir comparé la forme de la table dentaire, la longueur de ces dernières, et enfin les différents caractères dont nous avons parlé.

Il est donc possible, comme on le voit, de se rectifier lorsque les dents usent trop ou pas assez ; mais cette rectification ne peut avoir lieu qu'autant que l'usure s'effectue sur la surface même du frottement et dans l'ordre que nous avons indiqué

Si, au contraire, le frottement a lieu de manière à détruire les formes naturelles de la dent, on n'a plus d'autres indices que sur la fraîcheur des incisives et sur celle des

6

crochets, etc. C'est ce qui arrive chez les chevaux qui tiquent fortement en mordant leur longe et autres corps étrangers.

Lorsque les incisives de remplacement poussent trop en arrière, elles n'usent point la racine des caduques et ne ne les compriment pas de manière à déterminer leur chute; alors ces dents de première venue forment une double rangée empêchant les incisives supérieures de frotter contre les inférieures par leur table, et donnent à la surface générale des dents une forme tellement irrégulière qu'on ne la distingue quelquefois plus. Il est très-difficile dans ces conditions de connaître l'âge du cheval ; heureusement ce cas est très-rare, le plus souvent il n'y a qu'une ou deux dents qui n'ont pas été chassées. D'autrefois, ce sont de véri- tables dents d'adulte venues en sus du nombre ordinaire : ces derniers défauts portant le nom de *surdents* nuisent toujours à la connaissance de l'âge.

TABLEAUX SYNOPTIQUES

DES

MOYENS DE CONNAITRE L'AGE DES CHEVAUX

PAR L'INSPECTION DES DENTS

TABLEAU SYNOPTIQUE DES MOYENS DE CONNAITRE L'AGE DES CHEVAUX PAR L'INSPECTION DES DENTS

AGE.	INCISIVES DE LA MACHOIRE INFÉRIEURE.				INCISIVES DE LA MACHOIRE SUPÉRIEURE.			
	PINCES.	MITOYENNES.	COINS.	CROCHETS.	PINCES.	MITOYENNES.	COINS.	CROCHETS.
NAISSANCE.	Sortent, un mois de jour après la naissance : elles la précèdent quelquefois, mais rarement.							
6 MOIS (fig. 1)	Arrivent au niveau des pinces.	Commencent à sortir à 6 ou 8 mois.						
1 AN (fig. 2)	Ont rasé.	À demi-rasées.	Sont sorties au niveau des mitoyennes.					
1 AN ½	Tout effacée.	Ont rasé.						
2 ANS ½ (fig. 3)	Commencent à se déchausser.	Tout effacées.	Commencent à raser au bord externe.					
			Ont rasé.					
3 ANS (fig. 4)	Les fronts de chevaux sont sorties.	Commencent à se déchausser.	Tout effacés.					
4 ANS (fig. 5)	Commencent à raser.	Les fronts de cheval sont sortis.	Commencent à se déchausser.					
5 ANS (fig. 6)	À demi-rasées.	Commencent à raser au bord externe.	Les fronts de cheval sont sortis.	Commencent à sortir.				
6 ANS (fig. 7)	Ont rasé.	À demi-rasées.	Commencent à raser au bord externe.	Poussent et croissent en dedans.	Commencent à sortir.			Sont sorties.

Les phénomènes de la dentition de lait sont à peu près les mêmes et s'observent de la même simultanéité dans la mâchoire supérieure que dans l'inférieure ; on remarque cependant que la sortie des dents a lieu souvent plus tôt dans la première que dans la seconde.

Sortie de la 1re arrière-molaire.

Sortie de la 2e arrière-molaire.

Les 3 avant-molaires de remplacement sont complètement poussées.

La 3e arrière-molaire est complétée par la troisième et dernière arrière-molaire. L'étendue complète de cette dentition n'est possible qu'à l'âge de 7 ans.

Les caries des dents de la mâchoire supérieure sont toujours plus profondes que celles de l'inférieure, on ne peut y avoir recours d'emblée.

7 ANS (fig. 8)	Fond de correct.	Ont rasé.	À demi-rasés.	Ont rasé.	Commencent à s'associer légèrement.	Commencent à raser.	Commencent à raser.	Commencent à s'accoupler à s'écraser.
8 ANS (fig. 9)	Commencent à prendre la forme ovale. Le rond s'efface extérieurement jusqu'à la dent.	Fond de correct.	Ont rasé.	Renouvelé.	La cuvette se dégarnit.	À demi-rasés.	Commencent à raser.	
9 ANS	Ovale plus marquée plus près de la dent postérieur.	Commencent à prendre la forme ovale.	Le fond du correct.	Arrondit.	Fond de correct.	Ont rasé.	À demi-rasés.	
10 ANS	Tout-à-fait ovales anguleuses.	Ovale plus marqué.	Commencent à prendre la forme ovale, sortie arrondit.	Arrondit.	Commencent à raser.	Fond de correct.	Ont rasé.	
11 ANS	Forme arrondie anguleuse commence à se rétrécir.	Tout-à-fait ovales.	Ovale marqué.	Très-arrondit.	Forme ovale.	Forme ovale.	Forme ovale.	
12 ANS	Fort arrondies.	Forme arrondie, se rétrécir en arrière d'allant.	M.	Ovale parfaite, le rond se rétrécit.	Ovale marqué.	Ovale marqué.	Ovale marqué.	Forme ovale.
13 ANS	Très-rondes.	Fort arrondies.	M.	Arrondie, le sommet latéral se développe.	Ovales.	Ovales.	Commencent à raser.	Arrondie.

Comme les crochets de la mâchoire inférieure.

TABLEAU SYNOPTIQUE DES MOYENS DE CONNAITRE L'AGE DES CHEVAUX PAR L'INSPECTION DES DENTS.

AGE.	INCISIVES DE LA MACHOIRE INFÉRIEURE.				INCISIVES DE LA MACHOIRE SUPÉRIEURE.				Observations.
	PINCES.	MITOYENNES.	COINS.	CROCHETS.	PINCES.	MITOYENNES.	COINS.	CROCHETS.	
14 ANS	Commencent à prendre la forme triangulaire.	Très-rondes.	Forme arrondie.	Usés.	Id.	Arrondies.	Très-ronds.		communément environs 6 millim. de hauteur au-dessus des gencives la dent use 3 millim. par an chez les chevaux fins et 4 millimètres chez les chevaux commun. Ainsi, pour déterminer l'âge d'un cheval dont les incisives sont trop longues, il faut ajouter à l'âge que marque la table des dents autant d'années qu'elles ont de fois 3 et 4 millimètres de trop en longueur.
15 ANS	Triangl. marqué.	Commencent à prendre la forme triangulaire.	Fort ronds.	Id.	Arrondies.	Très-arrondies.	Triangulaires.		
16 ANS	Triangulaires.	Triangl. marqué.	Commencent à prendre la forme triangulaire.	Id.	Très-arrondies.	Triangulaires.	Triangulaires.		
17 ANS	Idem.	Triangulaires.	Triangulaires.	Id.	Id.	Id.	Id.		
18 ANS	Commencent à s'aplatir légèrement.	Idem	Id.	Id.	Triangulaires.	Id.	Id.	Comme les crochets de la mâchoire inférieure.	
19 ANS	Aplatissement léger.	Commencent à s'aplatir légèrement.	Id.	Id.	Id.	Id.	Id.		
20 ANS	Idem.	Aplatissement léger.	Id.	Id.	Id.	Id.	Id.		
20 à 25 ANS	Aplatissem' progressif et diminution de surface.	Aplatissem' progressif et diminution de surface.	Id.	Très-usés.	Aplatissem' progressif.	Aplatissem' progressif.	Aplatissem' progressif.		
25 à 30 ANS	Souv' usées au niveau de la gencive ou allongées horizontalement.	Souv' usées comme les pinces ou allongées comme elles horizontalement.	Aplatis ou allongés en avant horizontalem'.	Id.	Id.	Id.	Id.		

FIG. 1.

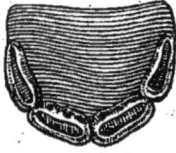

FIG. 2.

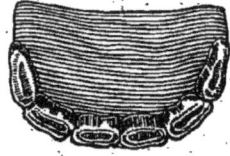

FIG. 3.

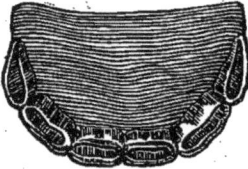

FIG. 4.

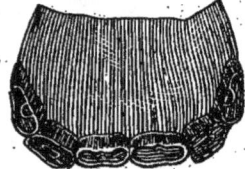

FIG. 5.

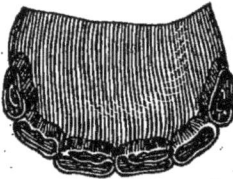

FIG. 6.

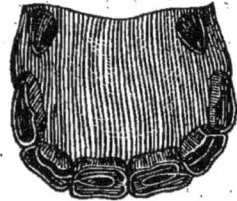

FIG. 7.

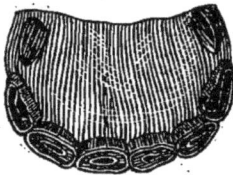

FIG. 8.

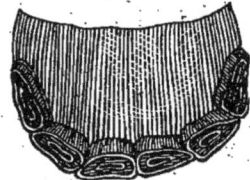

FIG. 9.

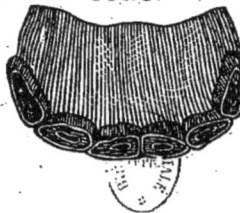

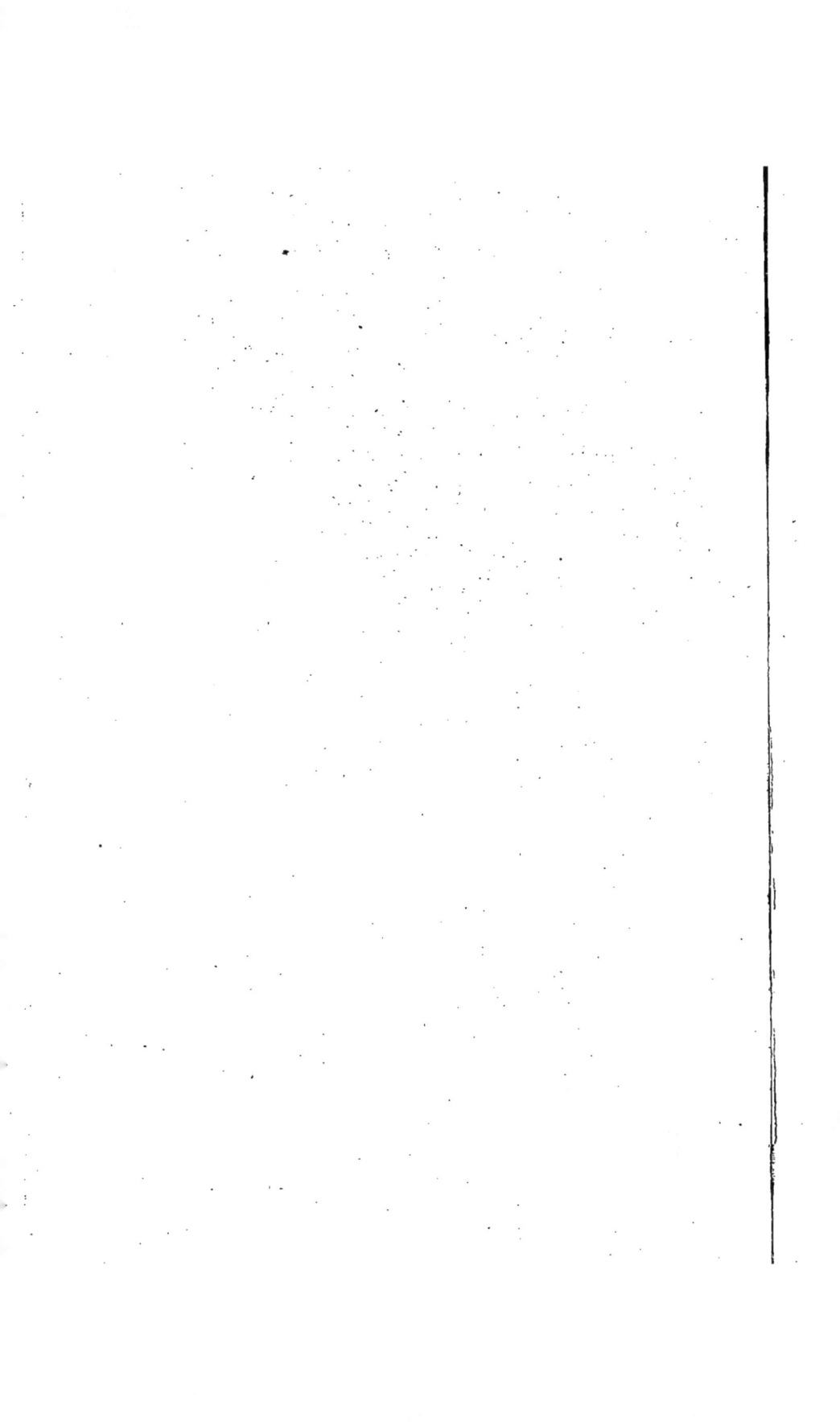

Moyens employés pour tromper sur l'âge du Cheval.

Parmi les ruses employées par les maquignons pour tromper sur l'âge du cheval, nous placerons en première ligne celles mises en usage, soit pour augmenter l'âge des poulains, soit pour diminuer celui des chevaux faits.

Pour *vieillir le cheval*, les marchands ont l'adresse, aussitôt que les poulains ont fait leurs dents de trois ans, de leur arracher les mitoyennes caduques pour leur donner, par ce moyen, un an de plus, ces dernières étant plus vite remplacées par les adultes ; on enlève aussi les coins de lait du cheval ayant à peine quatre ans en réalité ; au moyen de cette ruse, il est vendu comme étant âgé de cinq ans.

On peut reconnaître facilement si les dents ont été arrachées, d'abord au gonflement douloureux des gencives, à la profondeur qu'occupe dans l'alvéole la dent de remplacement, qui doit avoir, au moment où la caduque tombe naturellement, son bord antérieur au niveau de la gencive.

On peut s'apercevoir si la mitoyenne de lait a été arrachée à l'état de la pince de remplacement qui doit déjà avoir usé et formé sa table lorsque la mitoyenne sort naturellement et qui se trouve toujours intacte dans le cas d'arrachement ; du reste, dans cette dernière condition, l'arcade dentaire, au lieu de présenter un demi—cercle bien dessiné, comme cela existe dans l'éruption naturelle, se trouve alors irrégulière et formée par étages.

Moyen de rajeunir un cheval. — Les maquignons sachant fort bien que les dents longues sont un signe de vieillesse chez le cheval, cherchent à les raccourcir en les sciant, dans le but de le rajeunir ; cette ruse ne peut échapper à l'œil expérimenté, qui doit toujours s'en apercevoir dans l'examen de la table de la dent présentant dans ce cas une forme anormale, et surtout en visitant la section de cette dernière ne pouvant être faite que par une scie ou bien une lime, ces deux instruments laissant toujours des rayures ou des petits éclats dans la substance dentaire et principalement sur les bords de ces organes.

Du reste, il arrive toujours, dans le raccourcissement des dents, que les deux arcades formées naturellement par elles ne se trouvent plus en rapport direct; il suffit donc d'écarter simplement les lèvres du cheval ayant subi cette opération, pour reconnaître immédiatement la ruse qui malheureusement ne se borne pas toujours là; car, sur ces dents raccourcies ou courtes naturellement, on cherche à compléter la fraude en les *burinant* ou en les *contremarquant* pour rétablir ainsi la cavité qui existait chez ces dernières pendant la jeunesse du cheval.

Après avoir établi cette cavité artificielle, les marchands font brûler dans son intérieur, au moyen d'un fer chaud, un grain de blé pour lui donner la couleur noire qu'elle a naturellement.

On s'aperçoit de cette ruse, d'abord à la forme de la dent qui ne s'accorde en rien avec l'âge que l'on a cherché à obtenir dans la mâchoire burinée; ensuite au peu de largeur et à la forme de la marque ne pouvant être jamais bien imitée sur une dent que l'âge a rendue arrondie ou triangulaire; et enfin si l'animal est contre-marqué, vieux, à la disposition de l'arcade dentaire étant alors très-allongée, au lieu d'être courbe, comme elle est dans le jeune âge.

Par cette dernière fraude on cherche à donner au cheval l'âge de six à sept ans; la petite marque que le falsificateur est obligé de faire aux pinces pour arriver à ce but étant très-difficile à imiter d'après nature, aussi elle est généralement plus reconnaissable que les autres marques.

Il arrive souvent que pour contrarier l'examen des dents et rendre la fraude que nous venons de signaler moins visible, les maquignons ont le soin d'introduire dans la bouche du cheval, certaines substances excitantes qui le font fortement écumer, afin que cette abondante sali-, vation empêche de découvrir leur ruse.

On peint aussi quelquefois chez les chevaux à robes foncées, les poils gris ou blancs produits par la vieillesse ; c'est principalement à la tête et surtout au-dessus des yeux que l'on pratique cette ruse pouvant être facilement recon-nue, en portant un peu d'attention dans l'examen de cette région.

Age du Bœuf.

Les connaissances que nous possédons sur l'âge du bœuf sont loin d'être aussi exactes et aussi complètes que celles acquises sur l'âge du cheval. On peut dans l'espèce bovine avoir recours pour l'appréciation de l'âge à deux moyens différents, savoir : l'examen des dents et celui des cornes, qui étant contrôlé l'un par l'autre donnent des résultats assez satisfaisants.

Connaissance de l'âge par les dents.

Les dents du bœuf sont au nombre de trente-deux, dont vingt-quatre molaires, huit incisives, ces dernières appar-tenant toutes à la mâchoire inférieure, car elles n'existent pas à la mâchoire supérieure, étant remplacées dans cet endroit par un bourrelet cartilagineux formant gencive, sur lequel viennent appuyer les incisives de la mâchoire inférieure.

Il existe quelquefois chez ces animaux quatre molaires supplémentaires, mais ils ne les possèdent pas toutes à la fois ; ces dernières tombent avant que l'arcade molaire soit complétée.

Les incisives sont placées en *clavier* formant un rond assez parfait sur l'espèce de *paleron* terminant l'os maxillaire inférieur ; au lieu d'être fixées comme chez le cheval dans leurs alvéoles, elles présentent une certaine mobilité qui est nécesaire pour empêcher d'entamer le bourrelet de la mâchoire supérieure où elles opèrent leur frottement.

Suivant leur position on distingue les dents incisives en deux *pinces*, deux *premières mitoyennes*, deux *secondes mitoyennes* et deux coins ; leur usure se fait chez le bœuf par leur bord antérieur et par leur face supérieure, formant par leur frottement sur le bourrelet leur table dentaire ; frottement faisant disparaître peu à peu leur éminence conique et les sillons qui la bordent ; quand la dent est dans cette condition d'usure, on dit qu'elle est *nivelée*.

A mesure que les dents incisives de l'espèce bovine s'usent, elles semblent s'écarter les unes des autres, quoique restant toujours à la même place. Cela tient à ce que ces dents se touchent par leur extrémité supérieure dans la jeunesse, et qu'après un certain degré d'usure, il ne reste plus chez elles que la racine formant un chicot jaunâtre. Les premières incisives du bœuf sont comme celles du cheval, toutes caduques ; et c'est surtout dans l'époque de leur remplacement que l'on trouve les signes les plus certains de l'âge de cet animal.

Le veau naît souvent avec les pinces et les premières mitoyennes. Lorsqu'il n'a aucune dent en venant au monde, on ne tarde pas à voir apparaître les pinces trois ou quatre jours après sa naissance. Les premières mitoyennes arrivent huit ou dix jours après ; les secondes, vers le vingtième jour, et enfin les coins viennent achever l'arcade dentaire quatre ou cinq jours après cette dernière éruption. Mais toutes ces dents ne forment un véritable rond que vers le sixième mois, les coins mettant toujours ce temps pour compléter leur développement. Alors commence la période d'*usure*, qui est très-variable pour les dents incisives caduques, étant subordonnée au genre de nourriture que prennent les jeunes veaux; c'est pourquoi cette usure est toujours retardée chez les animaux engraissés exclusivement avec du lait pour être plus tôt livrés à la boucherie.

Dans les veaux que l'on conserve comme élèves, étant nourris souvent avec des aliments solides, les pinces commencent à s'user par leur bord libre à six mois, et complètent leur rasement vers dix mois. Le rasement des autres paires de dents a lieu, savoir :

1° Pour les premières mitoyennes, à un an ;

2° Pour les secondes, vers le quinzième mois ;

3° Pour les coins, du dix-huitième ou vingtième mois.

Vers cette dernière époque commence la période de remplacement; les pinces se montrent immédiatement et leur éruption se trouve toujours terminée à deux ans. Le remplacement des premières mitoyennes se fait de deux ans et demi à trois ans ; les secondes sont remplacées de trois ans et demi à quatre ans ; enfin, de quatre ans et demi à cinq ans a lieu le remplacement des coins, qui n'achèvent leur éruption que de cinq à six ans, et ce n'est qu'à cette époque que la mâchoire de l'adulte est au *rond*, quoique déjà le bord des pinces ait commencé à s'user, ainsi que la table de ces dents et qu'un commencement d'usure se soit produit dans les mitoyennes.

De six à sept ans le rasement des pinces s'est fortement avancé, ainsi que celui des premières mitoyennes ; les secondes commencent aussi à s'user.

De sept à huit ans, l'ovale des pinces est nivelé, le rasement des premières mitoyennes est prêt à s'achever ; celui des secondes fort avancé, et les coins commencent à perdre leur bord tranchant.

De huit à neuf ans, les coins ont à peu près achevé de raser, les mitoyennes sont nivelées et les pinces commencent à présenter une concavité en rapport avec la convexité du bourrelet de la mâchoire supérieure.

A dix ans, le nivellement se propage au coin ; les premières mitoyennes deviennent concaves comme les pinces qui prennent une forme carrée. L'étoile dentaire devient très-apparente sur ces deux paires d'incisives.

A onze ans, les dents continuent à se raccourcir et à s'écarter en apparence les unes des autres. Les premières mitoyennes prennent une forme carrée et présentent une bordure blanche.

A douze ans, l'écartement des dents augmente. Toutes les dents présentent alors la bordure blanche et la forme carrée.

Après cette époque, les incisives deviennent de plus en plus écartées. La mâchoire ne présente plus que des chicots jaunes, arrondis. Alors il n'y a plus possibilité de connaître l'âge que d'une manière approximative. On peut alors, comme moyen de contrôle, consulter les signes fournis par les cornes, ce que nous allons faire connaître.

Connaissance de l'âge du Bœuf par les cornes.

Les cornes du bœuf fournissent, pour la connaissance de l'âge, des indices d'autant plus précieux que ceux donnés par les dents de cet animal ne présentent pas toujours toutes les garanties de certitude.

Le moment le plus favorable pour consulter les signes fournis par les cornes, c'est surtout après que l'éruption des remplaçantes est terminée ; à ce moment elles deviennent un puissant secours de contrôle.

Quelques jours après la naissance du veau, on voit apparaître, sur le côté du chignon, le principe de ses cornes qui, un an après, forment, en se développant, deux petits prolongements, à surface terne et rugueuse, légèrement contournés et que l'on appelle *cornillons*.

Pendant la durée de la seconde année, une nouvelle pousse des cornes a lieu et se trouve séparée de la première par un sillon peu prononcé. Un semblable sillon sépare la pousse de la troisième année de celle de la seconde ; mais ces deux dépressions sont peu marquées et paraissent ignorées de la plupart des éleveurs qui ne comptent le premier sillon qu'à partir de l'âge de trois ans. Celui qui se produit alors est, en effet, beaucoup plus marqué et est d'autant plus visible que les autres commencent à diminuer pour disparaître plus tard.

On peut donc compter pour trois ans la portion de la corne se trouvant au-delà du profond sillon tracé naturellement sur la surface de cet organe. Après cet âge, il se forme, chaque année, un nouveau sillon séparé du précédent par un cercle ; de telle sorte qu'en comptant pour trois ans la portion de corne dépassant le premier sillon, et pour un an les cercles que l'on rencontre en se dirigeant vers la base de l'organe, on trouvera ainsi l'âge réel de l'animal, pourvu que les cornes n'aient pas eu un développement irrégulier et anormal, et surtout si les cercles n'ont pas été usés et effacés par le frottement du joug, comme cela arrive quelquefois. Dans ce cas-là, il faut s'en rapporter principalement aux dents.

Des qualités qu'on doit rechercher chez les bêtes Bovines,
d'après le service auquel on les destine.

Les animaux de l'espèce bovine peuvent être employés
à trois services différents ; savoir : les uns pour le travail,
les autres pour la sécrétion du lait et enfin pour la boucherie. Nous allons rechercher les qualités de conformation
les plus convenables à chacune de ces destinations.

Choix des bêtes Bovines de travail.

Quoique presque toutes les bêtes bovines puissent être
employées au travail, il est cependant quelques particularités
de conformation donnant à certains sujets plus ou moins
d'aptitude pour ce service.

On doit rechercher dans le bœuf destiné au trait : une
tête courte et carrée, un front large, un chignon développé,
des cornes grosses à la base et peu allongées, une encolure
courte et épaisse, de fortes épaules, un poitrail large garni
d'un fanon bien descendu, un corps cylindrique et ramassé,
une croupe volumineuse, des membres forts à jarrets
larges et à canons courts et gros, un cuir épais, un poil
rude et bien fourni : cette conformation donne le type de
certaines races fournies par le midi et le centre de la France,
celle de la Haute–Auvergne, par exemple, désignée sous le
nom de race de *Salers*. L'Italie méridionale nous donne
aussi de bons bœufs de travail.

Choix de la Vache laitière.

Règle générale : les races bovines fournissant les animaux
les plus aptes au travail, sont celles qui donnent les vaches
les moins propres à la production abondante du lait.

La véritable vache laitière est ordinairement lourde et

massive, son corps est long, son ventre volumineux et pendant, ses membres épais, son mufle large, ses cornes courtes, minces et lisses, ses oreilles larges et velues. Elle porte
un pis bien développé sans être charnu, à trayons gros et
allongés, sa veine mammaire, grosse et tortueuse, forme
un cordon saillant et noueux sous le ventre.

A ces caractères tirés de la conformation générale, il
faut y joindre ceux fournis par les épis de poils placés en
arrière des mamelles, que l'on appelle *écussons*. M. François
Guénon, agriculteur, à Libourne, a publié, en 1838, un
ouvrage sur les signes propres à faire reconnaître les qualités des vaches considérées comme laitières: ses observations
l'ont amené à pouvoir juger et classer par une simple
inspection, leurs diverses espèces et à reconnaître la qualité
et la quantité de lait qu'elles peuvent donner par jour,
ainsi que le temps plus ou moins long qu'elles le maintien-
nent.

Les signes sur lesquels se base M. Guénon sont visibles
sur chaque vache, à la partie postérieure située entre le
pis et la vulve ; ce sont les espèces d'écussons, dont nous
avons déjà parlé, qui peuvent être de différentes formes et
de différentes grandeurs. Ces indices formés par des lignes
de contre-poil, tantôt verticales, tantôt transversales,
offrent des variétés indiquant la classe et l'ordre auxquels
appartient l'individu.

Nous ne pouvons rentrer ici dans tous les détails qu'exi-
gerait l'appréciation de la méthode Guénon ; nous dirons
seulement que les huit classes qu'il établit d'après la forme
de l'écusson portent des noms qui sont loin d'être scienti-
fiques, et que la précision qu'il met à assigner à chaque
ordre de ces classes la quantité de lait et la durée du temps
que les vaches doivent le conserver après leur pâturation,

est pour nous un point de son système un peu trop exclusif, et sujet à erreur dans son résultat rigoureux.

Pour donner une idée aussi exacte que possible des principes de cette méthode, nous nous contenterons d'exposer que dans toutes les divisions établies par son auteur, l'appréciation de la quantité de lait est toujours relative à l'étendue « de l'écusson qui doit être chez les meilleures « laitières formé du poil le plus fin ; elles doivent avoir « depuis le dedans des cuisses jusqu'à la vulve la peau « d'une couleur jaunâtre, et le *son* qui se détache de cette « peau doit être de la même couleur. » « Tandis que, au con- « traire, toutes les vaches dont la peau est unie et blanche, « le pis couvert d'un poil clair et le contre-poil des épis « de la gravure ou écusson allongé, donneront toujours « un lait séreux et maigre. Celles dont le pis est couvert « d'un poil court et fourré, qui se retrouve dans les épis « du contre-poil de l'écusson, donneront un lait gras et bon. »

Quoique cette découverte n'ait point toute l'importance que lui attribue son auteur, qui en a fait son secret long-temps, depuis qu'elle est devenue publique, elle a été pratiquée avantageusement par un grand nombre d'agricul-teurs. Malgré que la plupart de ces derniers aient trouvé que l'appréciation mathématique de la quantité de lait pou-vant donner une vache n'était pas très-rigoureuse , il n'est pas moins vrai qu'à l'aide de cette méthode on peut déter-miner d'une manière certaine quelle est la meilleure laitière dans un troupeau de vaches donné. Pour notre propre compte nous n'hésitons pas à dire que nous avons employé avec succès les principes de ce système, mais que nous avons rencontré des difficultés d'application exacte dans ses détails.

Lafore, ancien professeur de l'école vétérinaire de Tou-louse, a fait une remarque importante à propos de l'épis ou écusson. Il prétend que les vaches qui n'en ont point en arrière des mamelles, sont généralement stériles ; il ne donne pas ce signe comme infaillible, mais comme fort probable. Pour notre compte, nous ne sommes pas éloigné de partager cette opinion, car nos observations nous ont appris que beaucoup de vaches impropres à la reproduction ne possédaient pas cette particularité.

Quand on fait le choix d'une bonne vache laitière, on doit se rappeler qu'un pis volumineux et charnu n'est pas toujours l'indice d'une sécrétion lactée abondante, et qu'on doit toujours préférer, en général, un pis ayant un développement modéré et qui soit dur au toucher ; faire attention surtout que les marchands cherchent à donner cette apparence aux mamelles, en laissant leurs vaches quelques jours sans les traire : nous parlerons, du reste, de cette ruse, dans l'examen de cet animal en vente.

Il peut exister sur le pis de la vache des verrues devenant quelquefois incommodes par leur grand nombre ; les crevasses, que l'on rencontre aussi souvent sur cet organe, ont le grave inconvénient de produire une vive douleur, rendant presque toujours la vache difficile à traire.

Il est un défaut, chez certaines vaches, ne pouvant être reconnu au moment de l'achat, ayant cependant une certaine importance : c'est que, sans cause connue, elles fatiguent beaucoup la trayeuse. Quelquefois aussi, à la suite d'une inflammation prolongée, une portion de la mamelle s'étant endurcie est devenue impropre à la sécrétion, et le trayon qui lui correspond ne donne plus de lait ; cette induration diminuant toujours la quantité de ce liquide, peut le rendre de mauvaise nature, quand le trayon donne, comme cela arrive quelquefois, du pus ou du sang.

La vache laitière doit être plutôt un peu maigre que trop

7

grasse, car il est prouvé que l'abondance de la graisse nuit considérablement à la sécrétion du lait; du reste la nourriture et les soins hygiéniques influent d'une manière incontestable sur la production de ce liquide. Aussi, si l'on veut obtenir des résultats avantageux dans cette spéculation, on doit se rappeler le principe suivant : qu'un animal doit consommer d'abord pour l'entretien de son existence, et que ce n'est que la nourriture donnée en sus qui produit un bénéfice d'autant plus considérable que l'alimentation est plus abondante et de meilleure qualité.

On doit se rappeler aussi, quand on veut obtenir une abondance de lait, qu'il faut, indépendamment de ces conditions alimentaires, que les animaux soient tenus proprement, dans des habitations silencieuses et un peu obscures, car trop de bruit et de lumière nuisent à la sécrétion lactée. Certains agronomes prétendent avoir obtenu des résultats lactifères avantageux en faisant usage, comme alimentation, d'une plante légumineuse appelée *galéga*. Nous n'avons pas eu encore l'occasion d'expérimenter cette nourriture dans ce but; mais elle paraît parfaitement convenir au goût de nos grands ruminants : son usage pourrait, je crois, créer une nouvelle ressource alimentaire avantageuse pour ces animaux.

Choix des bêtes Bovines pour la boucherie.

En général, les bêtes bovines offrant la meilleure aptitude au travail sont celles qui sont généralement les plus difficiles à engraisser. Cela nous amène à dire que quelques sujets s'engraissent plus facilement et peuvent fournir une viande plus délicate que les autres.

L'importance de l'engraissement au point de vue de l'économie sociale comme de l'économie rurale, n'est mis en doute par personne; comme le dit fort bien Gronier :

« L'engraissement du bœuf est, sous le rapport de l'agricul-
« ture et de l'économie sociale, plus important que celui de
« tous les autres animaux domestiques réunis ; il fournit à
« la consommation beaucoup plus de viande, et à la terre
« beaucoup plus d'engrais. On doit gémir de ce qu'on en-
« graisse si peu de bêtes bovines en France. Il résulte de
« cette pénurie pour l'exiguë consommation de ses habitants
« en viande de boucherie, qu'on est forcé d'avoir recours à
« l'étranger.

« Il serait facile de prouver que si l'agriculture en Angle-
« terre est si supérieure à la nôtre, c'est parce qu'on y
« consomme plus de viande. »

Comme on le voit, l'engraissement est, à divers points de
vue, de la première importance. Du reste, le gouvernement
l'a si bien compris, qu'il cherche à le populariser en distri-
buant des primes, pour ce but, aux propriétaires, dans les
divers concours d'animaux gras que l'autorité a eu le soin
déjà d'établir, et qu'on cherche en ce moment à multiplier
par de nouveaux sacrifices et encouragements offerts récemment par l'État.

On doit rechercher dans les bêtes que l'on veut engraisser
avantageusement un caractère doux, une peau souple,
d'une épaisseur moyenne, glissant avec facilité sur un tissu
cellulaire abondant, et recouverte d'un poil peu fourni, doux
au toucher ; une tête petite, garnie de cornes minces et courtes, un cou peu allongé. Le garrot, le dos, les reins doivent être larges, garnis de muscles épais ainsi que les fesses,
le sabot peu volumineux. En un mot, on s'attachera à ce
que les parties fournissant la viande soient développées et
surtout dans les régions où elle est de meilleure qualité.

Il y a toujours inconvénient à engraisser les animaux trop
jeunes ou trop vieux. Le bœuf s'engraisse bien vers l'âge de

huit à dix ans; si un bœuf n'est pas complétement développé
son engraissement en souffre, on perd dans ces conditions
la partie de la nourriture qui sert à le former et à le faire
grandir. Les bouchers désignent les bœufs engraissés trop
jeunes sous le nom de *bœufs fleuris ou faux*: cette dernière
qualification leur vient de l'aptitude qu'ils ont à cet âge de
ne prendre la graisse qu'en dehors de leur corps; ils ont
alors moins de suif, et ce dernier est de plus mauvaise qualité
que si ces animaux avaient été engraissés à l'âge de huit
à dix ans, époque où la viande, quoique moins tendre, est
beaucoup plus nutritive.

Souvent ce n'est que quand le bœuf de travail ne peut
plus rendre des services dans les travaux agricoles, qu'on
le soumet à l'engraissement; aussi l'éleveur rencontre toujours dans ces fâcheuses conditions des difficultés pour le
mettre en bonne graisse, difficultés d'autant plus grandes et
plus onéreuses que l'animal est plus vieux et plus fatigué,
que l'usure de dentition est plus avancée et plus irrégulière,
inconvénients arrivant presque toujours dans la vieillesse
de ces animaux.

Les nombreux avantages que l'on retire en sacrifiant de
bonne heure les animaux destinés à la boucherie, ont amené
les Anglais à créer des races spéciales s'engraissant jeunes
et avec succès; les bestiaux de ces races ainsi perfectionnées, présentent les caractères d'un facile engraissement,
à un degré presque exagéré. Il est vrai que l'Angleterre
possède des races précieuses pour cette spéculation, et que
dans ce pays les animaux de l'espèce bovine servent peu
aux travaux agricoles.

Examen des bêtes Bovines en vente.

L'examen des bêtes bovines en vente est loin d'offrir les
difficultés qui se présentent presque toujours dans celui du

cheval ; les services beaucoup moins variés auxquels on soumet généralement nos grands ruminants, et surtout la facilité que l'on a de les livrer à la boucherie quand bien même certains défauts les empêcheraient de faire les autres services, ces conditions rendent la tâche de l'examinateur plus simple, plus facile et surtout beaucoup moins scrupuleuse.

On doit s'attacher, dans le choix des bêtes bovines de travail, à prendre autant que possible une force et une taille à peu près égales chez celles qui doivent être liées au même joug.

Quoique l'égalité d'allure n'ait pas la même importance que chez le cheval, il est essentiel cependant que les deux bœufs devant travailler ensemble, présentent un pas à peu près pareil, que la disposition de leurs membres ne soit pas irrégulière au point de détruire l'ensemble des mouvements indispensables à leur genre de service. Pour cela il est bon que l'examinateur les fasse marcher côté à côté, tels qu'ils sont attelés d'habitude ; dans cette position, il pourra mieux observer si les deux animaux s'harmonisent bien sous tous les rapports.

Les deux bœufs peuvent être attelés de deux manières, au joug ou bien au collier ; beaucoup d'agronomes donnent la préférence à ce dernier mode d'attelage ; celui du joug est plus ancien et d'un usage plus général à cause de sa simplicité.

Quand un bœuf est méchant des cornes ou bien indocile au travail, certains vendeurs de mauvaise foi leur administrent, quelques jours avant la vente, des substances narcotiques, à petites doses (telles que *opium, belladonne, tabac*), dans le but de les rendre plus calmes et plus dociles.

Ils cherchent encore à atteindre ce même but en plaçant, sur le sommet de la tête de l'animal méchant, un sac rempli de sable mouillé, qu'ils attachent aux cornes de manière à lui laisser cette forte charge un ou deux jours avant la vente ; ce moyen que j'ai vu employer est assez puissant pour faire éprouver à l'animal un degré de fatigue lui donnant une apparence momentanée de douceur.

On s'aperçoit de cette dernière ruse à la vive douleur qu'éprouve l'animal quand on lui passe la main sur la nuque, et à son air triste et abattu.

Quand une bête bovine, pour une cause quelconque, ne se nourrit pas bien, que son flanc indique d'une manière évidente ce défaut, certains vendeurs-maquignons ont la précaution de lui faire avaler, par force, une quantité suffisante de boissons (eau de son) pour bien distendre ses organes digestifs et, par ce moyen, lui donner les apparences contraires à la réalité.

Pour reconnaître cette fraude, il suffit de faire trotter l'animal qui se fatigue très-vite dans cette condition ; on entend alors un bruit particulier que fait le liquide administré, se trouvant en grande partie dans le rumen.

On n'oubliera pas dans l'examen des vaches laitières en vente, que certains marchands sont dans l'habitude, pour donner de belles apparences au pis, de les laisser un certain temps sans les traire ; cette ruse rend les mamelles plus développées et plus dures au toucher ; en un mot, ce moyen donne aux vaches laitières l'aspect le plus favorable à la vente.

On doit s'apercevoir de cette ruse au piétinement continuel de la bête, souffrant dans cet état, à l'inquiétude et à la douleur qu'elle éprouve quand on essaie de la traire, et quelquefois aussi à l'écoulement spontané du lait.

Depuis que le système Guénon est mis généralement en usage par les examinateurs, quand les vaches ne présentent pas la peau et les écussons dans les conditions indiquées par la méthode, certains maquignons cherchent à leur donner ces apparences en colorant la peau du pis et de la face interne des cuisses au moyen d'une dissolution de brique mal cuite, broyée dans de l'huile de lin. Ce moyen, employé adroitement, réussit assez bien pour tromper l'œil peu expérimenté, surtout quand en même temps on a arraché une partie des poils des épis, pour les rendre plus rares et mieux disposés suivant le système Guénon.

Comme les suites de la non délivrance et le renversement de l'utérus et du vagin, chez la vache, ne sont un vice rédhibitoire que lorsque le part s'est effectué chez le vendeur, il arrive souvent que des marchands de mauvaise foi s'entendent entre eux pour faire une vente simulée, de manière à présenter un vendeur chez qui la vache ne s'est pas délivrée; et comme l'acquéreur ne peut exercer ses droits en garantie que contre ce dernier, par cette ruse, le premier vendeur, chez qui le part s'est effectué, se trouve aussi dégagé de la garantie rédhibitoire : ce moyen fait perdre ainsi à l'acquéreur tous ses droits de résiliation.

Cette ruse, qu'il est difficile d'empêcher et de reconnaître, peut cependant être évitée, quelquefois par des renseignement adroits et par une garantie conventionnelle qui devra être toujours réclamée par l'acheteur, surtout s'il s'aperçoit, chez la vache qu'il veut acquérir, d'un écoulement de matières purulentes par la nature, si les bords de la vulve sont légèrement renversés, et si l'ensemble des organes génitaux présente un volume anormal.

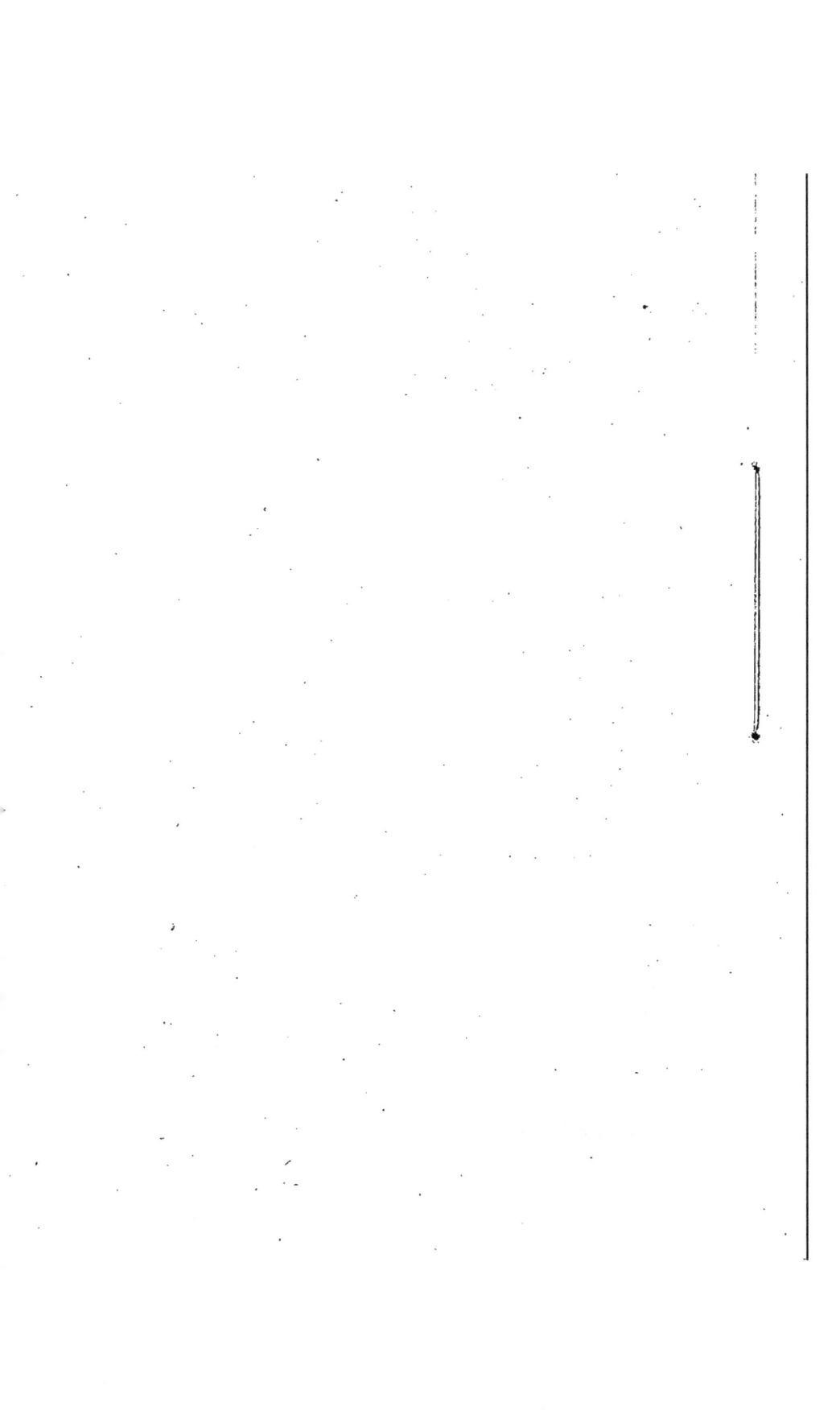

TROISIÈME PARTIE.

—∽∾∾—

Comme ce n'est pas pour les hommes de l'art que j'ai
publié spécialement cet ouvrage, quoique pouvant leur être
utile dans plusieurs circonstances, j'ai cru devoir laisser de
côté, dans le chapitre traitant des vices rédhibitoires, tout
ce qui est relatif à la mission de l'expert. Cette question
ayant été traitée par des auteurs vétérinaires recommanda-
bles sous tous les rapports, ayant publié des ouvrages sur
ce sujet, faisant autorité dans notre science, tels que
Husard, Mignon et Galisset, après eux il serait difficile de
dire quelque chose de plus imposant sur cette matière.

Fidèle au but que je poursuis dans mon ouvrage, qui est
de le mettre à la portée de toutes les intelligences, je me
contenterai, avec l'aide de conseils compétents, de faire
connaître dans un résumé aussi précis que possible, aux
parties intéressées dans une contestation de vices rédhibitoires, leurs droits et leurs intérêts, afin de leur éviter, si
c'est possible, des procès toujours fort nuisibles sous tous
les rapports.

Avant la loi du 20 mai 1838 sur les vices rédhibitoires,
cette matière était jugée par une législation incomplète qui

amenait journellement de nombreuses contestations; à cause des divers usages locaux existant alors à ce sujet, et variant autant sous le rapport de la nature des vices que pour la durée de la garantie.

Cette dernière loi a eu le grand avantage d'établir une législation uniforme, en énumérant les vices cachés qui donnent lieu à la rédhibition, en fixant les délais de la garantie et leur donnant pour mesure la nature même de ces vices, sans distinction des lieux où la vente a été faite.

Antérieurement à la promulgation de cette loi, les tribunaux eux-mêmes, n'étant point d'accord sur l'interprétation de l'ancienne législation, les uns jugaient que l'article 1641 du Code civil devait être exécuté dans sa généralité. Cet article est ainsi conçu :

« Le vendeur est tenu de la garantie à raison des défauts cachés de la chose vendue qui la rendent impropre au service auquel on la destine, ou qui diminuent tellement cet usage, que l'acheteur ne l'aurait pas acquise ou n'en aurait donné qu'un moindre prix s'il les avait connus. »

Les autres, en bien plus grand nombre, décidaient que cet article était modifié par les dispositions restrictives de l'article 1648 du même Code, et qui est ainsi conçu :

« L'action résultant des vices rédhibitoires doit être intentée dans un bref délai suivant la nature des vices et l'usage des lieux où la vente a été faite. »

Comme on le voit, l'article 1641 pose comme rédhibitoires les défauts cachés de la chose vendue, et l'article 1648 donne un bref délai pour intenter l'action qui en résulte, sans spécifier ni les défauts cachés ni la durée du délai de l'action ; la disposition de ces articles ne pouvait qu'amener de grandes difficultés dans l'application de l'ancienne législation.

Pour conserver l'économie de la loi, on a dû restreindre le principe général posé par l'article 1641 et n'autoriser l'action en garantie, dans le cas où l'animal viendrait à périr dans le délai légal, que si la mort est occasionnée par l'un des vices rédhibitoires. Cet article est ainsi conçu :

« Si la chose qui avait des vices a péri par suite de ses mauvaises qualités, la perte est pour le vendeur, qui sera tenu à la restitution du prix et aux autres dédommagements expliqués dans les articles 1645 et 1646 ; mais la perte arrivée par cas fortuit est pour le compte de l'acheteur. »

Les motifs généraux de la loi du 20 mai 1838 ne peuvent pas être mieux interprétés qu'en rappelant ce qui a été dit à la Chambre des Députés par son honorable rapporteur. « Cette loi, dit ce dernier, a pour but de faire cesser les « contradictions de la jurisprudence, d'établir une nomen- « clature à la place des généralités de l'article 1641, d'of- « frir une règle aux juges, afin qu'ils puissent faire régner « la bonne foi et la probité dans un commerce d'où elles « semblent trop souvent bannies, où l'on se fait trop sou- « vent un jeu de la ruse et de la supercherie, etc. (Discus- « sion de la loi à la Chambre des Députés.) »

Outre la garantie de droit, la loi accorde une autre espèce de garantie n'ayant rien de fixe et de déterminé, qui est toute de convention et que l'on appelle à cause de cela *garantie conventionnelle*, de laquelle nous parlerons après avoir donné connaissance de la loi du 20 mai 1838, qui est, aujourd'hui, la véritable garantie de droit dans cette matière.

Loi concernant les vices rédhibitoires dans les ventes et échanges d'animaux domestiques.

ARTICLE PREMIER.

Sont réputés vices rédhibitoires et donneront seuls ouverture à l'action résultant de l'article 1641 du Code civil, dans les ventes ou échanges des animaux domestiques ci-dessous dénommés, sans distinction des localités où les ventes ou échanges auront eu lieu, les maladies ou défauts ci-après, savoir :

Pour le Cheval. l'Ane et le Mulet.

La fluxion périodique des yeux.
L'épilepsie ou le mal caduc.
La morve.
Le farcin.
Les maladies anciennes de poitrine ou vieilles courbatures.
L'immobilité.
La pousse.
Le cornage chronique.
Le tic sans usure des dents.
Les hernies inguinales intermittentes.
La boiterie intermittente pour cause de vieux mal.

Pour l'espèce Bovine.

La phthisie pulmonaire ou pommelière.
L'épilepsie ou mal caduc.
Les suites de la non-délivrance, après le part chez le vendeur.

Le renversement du vagin ou de l'uterus, après le part chez le vendeur.

Pour l'espèce Ovine.

La *clavelée* : Cette maladie, reconnue chez un seul animal, entraînera la rédhibition de tout le troupeau. La rédhibition n'aura lieu que si le troupeau porte la marque du vendeur.

Le *sang de rate* : Cette maladie n'entraînera la rédhibition du troupeau qu'autant que, dans le délai de la garantie, la perte constatée s'élèvera au quinzième au moins des animaux achetés.

Dans ce dernier cas, la rédhibition n'aura lieu que si le troupeau porte la marque du vendeur.

Art. 2.

L'action en réduction du prix, autorisée par l'article 1644 du Code civil, ne pourra être exercée dans les ventes et échanges d'animaux énoncés dans l'article 1er ci-dessus.

Art. 3.

Le délai pour intenter l'action rédhibitoire sera, non compris le jour fixé pour la livraison, de trente jours pour le cas de fluxion périodique des yeux et d'épilepsie ou mal caduc ; de neuf jours pour tous les autres cas.

Art. 4.

Si la livraison de l'animal a été effectuée, ou s'il a été conduit hors du lieu du domicile du vendeur, les délais seront augmentés d'un jour par cinq myriamètres de distance du domicile du vendeur au lieu où l'animal se trouve.

Art. 5.

Dans tous les cas, l'acheteur, à peine d'être non-recevable, sera tenu de provoquer, dans les délais de l'art. 3,
la nomination d'experts chargés de dresser procès-verbal :
la requête sera présentée au juge de paix du lieu où se
trouvera l'animal.

Ce juge nommera immédiatement, suivant l'exigence des
cas, un ou trois experts qui devront opérer dans le plus
bref délai.

Art. 6.

La demande sera dispensée du préliminaire de conciliation, et l'affaire instruite et jugée comme matière sommaire.

Art. 7.

Si pendant la durée des délais fixés par l'art. 3, l'animal
vient à périr, le vendeur ne sera pas tenu de la garantie,
à moins que l'acheteur ne prouve que la perte provient de
l'une des maladies spécifiées dans l'art 1er.

Art. 8.

Le vendeur sera dispensé de la garantie résultant de la
morve et du *farcin*, pour le cheval, l'âne et le mulet, et de
la *clavelée*, pour l'espèce ovine, s'il prouve que l'animal,
depuis la livraison, a été mis en contact avec des animaux
atteints de ces maladies.

Fait au Palais des Tuileries, le 20e jour du mois de mai,
l'an 1838.

LOUIS-PHILIPPE.

Par le Roi :

Vu et scellé du grand sceau : le garde-des-sceaux de

France, ministre secrétaire d'État au département de la Justice et des Cultes.

BARTHE.

Le ministre secrétaire d'État au département des Travaux Publics, de l'Agriculture et du Commerce.

N. MARTIN *(du Nord).*

De la garantie conventionnelle.

La nouvelle loi sur les vices rédhibitoires permet de vendre *sans garantie,* car les principes généraux du droit sont restés les mêmes, et l'on pourra toujours stipuler ce qui n'est pas défendu par la loi. (Code civil, art. 1133, 1134).

C'est ainsi qu'on pourra vendre sans garantie un animal que le vendeur déclarera, dans l'acte même de vente, atteint de *tel vice,* parce qu'alors il n'y a pas de vice caché pour l'acheteur et que la présomption de la loi ne le protége plus.

Il en résulte que si un autre vice se manifestait dans le délai légal, la non-garantie serait sans effet.

On peut ainsi, par une garantie n'ayant rien de fixe et de déterminé, qui en un mot est *conventionnelle,* ajouter aux obligations de droit ou en diminuer l'effet ; dans cet acte il peut être stipulé que le vendeur n'est soumis à aucune garantie (art. 1625), même des vices cachés (ce qui résulte aussi de l'art. 1643).

L'acheteur, à son tour, peut convenir qu'il achète à ses périls et risques, comme aussi il peut demander une garantie, même pour les défauts n'étant pas spécifiés dans

la loi nouvelle, ou encore des qualités annoncées exister
dans l'animal vendu.

On peut aussi convenir d'augmenter les délais de la
garantie; en un mot, cet acte conventionnel n'a de limites
que la volonté des parties, pourvu qu'elles se rappellent
que cette convention ne peut s'appliquer aux animaux
atteints de maladies contagieuses, puisque l'art. 7 de
l'arrêt du 16 juillet 1784 défend de les exposer en vente.

La garantie conventionnelle doit être toujours écrite,
parce qu'il est nécessaire de stipuler clairement des conventions n'ayant pu être déterminées par la loi et aussi
pour la sûreté de son exécution ; du reste, la preuve testi-
moniale n'est pas admise quand le prix de la vente dépasse
la somme de 150 francs.

Cette espèce de garantie est très-favorable aux marchés
des animaux domestiques, elle supplée à beaucoup de difficultés que la loi donne à cause de son indécision sur plusieurs points de son application; elle a encore l'avantage
de restreindre ou d'augmenter le délai légal qu'il est impossible d'appliquer dans certains cas particuliers.

On appelle *marchés de confiance,* ceux où l'acheteur s'en
est rapporté au vendeur, sans avoir vu la marchandise
vendue; beaucoup de personnes considèrent ces espèces de
ventes comme une garantie conventionnelle ; il faut se
livrer le moins possible à ces sortes de marchés ; car si la
loi a voulu être utile à l'acheteur de bonne foi, elle n'a
pas voulu favoriser sa négligence et son apathie.

Il est de la plus grande importance de bien spécifier
dans cette espèce de garantie les vices que l'on entend oui
ou non garantir et surtout le délai qui a été convenu, si
non ils seraient réglés par la garantie de droit, car cet
acte conventionnel n'exclut pas cette dernière.

Formule de deux billets différents de garantie conventionnelle.

Je soussigné, M..., marchand de chevaux, demeurant à......déclare avoir vendu le..... mil huit cent...... une paire de chevaux que je garantis, sans préjudice des autres cas rédhibitoires, spécialement de la fluxion périodi-que des yeux. La maladie de l'œil dont se trouve affecté celui qui s'attèle à gauche, et qui siége sur l'œil droit de cet animal, étant due à une cause légère, devra avoir disparu dans le délai de quarante jours, et à cet effet nous confions l'animal d'un commun accord aux soins de M. N........ vétérinaire ; si, à l'époque prescrite, ce signe de maladie persiste, la vente sera résiliée de droit, sans autre forme que la déclaration de l'expert désigné.

Fait à...., le mil huit cent....

(Signature du Vendeur).

Autre formule de non-garantie.

Je soussigné, X....., propriétaire, demeurant à....., déclare avoir acheté le...... mil huit cent..... du sieur N......, marchand de bœufs, demeurant à........, moyennant la somme de...... (payé comptant ou bien désigner l'à–compte), un bœuf dont le signalement suit...; lequel bœuf est accepté à mes risques et périls, sans ga-rantie, pour les vices rédhibitoires reconnus par la loi, et pour tout défaut quelconque.

Fait à...., le mil huit cent......

(Signature de l'Acheteur).

Garanties conventionnelles, adroites et frauduleuses, formulées par certains marchands.

Certains marchands, surtout ceux faisant le commerce des chevaux, formulent des garanties soit verbalement ou

8

bien par écrit, pouvant inspirer dans leur rédaction un certain degré de confiance aux personnes étrangères à ces
sortes d'actes qui sont loin de répondre à la sécurité qu'elles
en attendent.

Je veux parler des expressions dont les marchands sont
souvent prodigues, en flattant leurs animaux en vente.
Quand ils disent : Je vous les vends *sains* et *nets* ou *francs*
ou *liquides*, beaucoup d'acheteurs, peu habitués à leurs
propos, croient que ce semblant de garantie veut dire
que ces animaux sont *exempts de tout défaut* caché et apparent. Il faut qu'ils sachent que ces mots sont passés en
usage dans ce genre de commerce et qu'ils ne garantissent
que les vices rédhibitoires reconnus par la loi, garantie
inutile, n'ayant d'autre but que de donner à l'acquéreur
une fausse sécurité.

D'autres vendeurs, de mauvaise foi, ne craignent pas de
donner ces garanties même par écrit, pensant qu'elles sont
complétement inefficaces; ils sont dans l'erreur sur la portée
de leur acte, qui est dans ces conditions assimilé à un pacte
obscur ou ambigu, cas prévu par la loi qui devrait s'inter-
prêter contre eux et les assujettir non-seulement à la
garantie des vices rédhibitoires, mais encore à celle des
autres vices cachés que la loi n'a pas rangés dans cette
catégorie.

Des marchands plus intelligents et plus adroits donnent
certaines garanties rédigées de manière à faire croire à
l'acquéreur peu expérimenté, possesseur de ces sortes
d'écrits, qu'il est dans la plus parfaite sécurité relativement
à leur portée.

Ces billets conventionnels contiennent presque toujours
des expressions ronflantes et calculées, employées de
manière à dégager le marchand de toute autre espèce de

responsabilité que celle donnée par la loi ; et souvent le mode de rédaction est plutôt en faveur des intérêts de ce dernier que de ceux de l'acheteur, le forçant, dans ces conditions du marché, à s'adresser toujours à lui pour le conclure.

Voici deux spécimens de ces genres de garanties que nous avons recueillis dans notre pratique et que nous reproduisons mot à mot.

Nº 1

Je soussigné, M...., marchand de chevaux, demeurant à....., déclare avoir vendu à N...., demeurant à......, une paire de chevaux, moyennant la somme de...., payée comptant *au moment de la vente* ; je garantis les deux animaux de tous les vices rédhibitoires ; dans le cas de l'existence des vices indiqués, je m'engage à les lui échanger contre une autre paire, le jour de la foire de..... qui doit avoir lieu le.....

(Signature du Marchand).

Nº 2

Je soussigné, X...., marchand de chevaux, demeurant à........, déclare avoir vendu à M. de....., rentier, demeurant à....., un cheval de race anglaise *pur sang, venant de Londres,* âgé de cinq ans, ayant une robe alzan clair, traces de balzanes aux pieds postérieurs, pour le prix et la somme de 4,000 francs, que j'ai reçue *en billets de banque.* Désirant mettre mon acquéreur à l'abri de *toute espèce de crainte sur l'existence des vices rédhibitoires* que cet animal peut avoir au moment de la vente et qui peuvent le gêner dans son service, je le garantis, pour *ce motif, pendant un mois.*

Si, à cette époque, le cheval ne lui convient pas pour cause de *tous les vices que je garantis*, je m'engage à lui en donner un autre, pris *dans mes écuries :* il me sera tenu compte de la plus ou *moins-value.*

Fait à....., le..... mil huit cent......

(*Signature du Marchand*).

Il ne faut pas être bien expérimenté pour comprendre que la garantie nᵒ 1 est complétement inutile et illusoire, que le marchand ne s'engage à rien, qu'il ne garantit que les vices prévus par la loi ; et que dans le cas de résiliation il n'y a qu'à faire un échange dans les conditions ordinaires.

La garantie nᵒ 2, quoique beaucoup plus longue et plus adroitement rédigée, n'engage pas plus celui qui l'a donnée que n'est engagé celui qui a formulé la première (nᵒ 1) ; le vendeur a de plus l'adresse, par certaines expressions qu'il emploie, d'obliger son acheteur à s'adresser toujours à lui, dans le cas où le cheval vendu ne lui *conviendrait pas ;* il se place ainsi dans les conditions les plus favorables d'un marché ordinaire ; et toutes ses belles phrases n'aboutissent qu'à donner une fausse sécurité à l'acquéreur en ne garantissant autre chose que ce qui est garanti par la loi.

Je pourrais publier d'autres d'écrits de ce genre que j'ai sous la main, offrant même une rédaction plus ou moins adroite, bizarre et comique, si je ne craignais pas de sortir du cadre restreint dans lequel j'ai promis de me tenir dans mon ouvrage.

Je crois avoir fait connaître les deux formules les plus généralement adoptées par les marchands adroits ; aussi

---

ᵗ Pris dans mes écuries.

d'autres publications de ces sortes de garanties nous paraissent inutiles ; du reste elles se ressemblent toutes à peu près, sauf quelques légers changements dans leur rédaction, les faisant aboutir toujours au même résultat.

Le principal but que se propose le marchand en donnant ces écrits, c'est de les disposer de manière à ce que ces billets ne puissent pas être assimilés à un pacte obscur et ambigu, et que dans le cas de résiliation ou *plutôt d'échange*, il n'y ait aucune clause qui puisse le rendre responsable de la mauvaise qualité de la chose vendue.

C'est ici le moment de dire à l'acheteur combien il est essentiel pour lui, dans ces sortes de garanties, de s'assurer à quelles conditions le marchand s'oblige, d'abord au point de vue de la nature des défauts et surtout des engagements qu'il prend dans le cas de résiliation, qui doivent être spécifiés autant que possible en ces termes : *la vente sera résiliée de droit* et le remboursement de la somme (totale ou en partie) sera effectué.

Description des vices rédhibitoires.

Nous avons cru indispensable de donner dans cet ouvrage une description aussi abrégée que possible des vices rédhibitoires, sans prétendre donner aux acheteurs les connaissances nécessaires pour apprécier ces vices, ni même les dispenser de l'assistance des hommes de l'art. Nous nous contenterons d'indiquer, en nous servant des termes et des expressions à la portée de tout le monde, les principaux symptômes de ces maladies, afin que ces données superficielles éveillent les soupçons de ces vices chez toutes les personnes intéressées à faire valoir leur droit en garantie dans le délai légal.

PREMIÈRE CATÉGORIE.

VICES RÉDHIBITOIRES DU CHEVAL, DE L'ANE ET DU MULET.

ARTICLE PREMIER.

LA FLUXION PÉRIODIQUE DES YEUX.

Cette maladie s'annonçant chez le cheval, l'âne et le mulet, comme une fluxion ordinaire (ophtalmie), présente ordinairement trois périodes qui répondent au début, à l'état et au déclin de l'accès.

La première (début) est caractérisée par les signes inflammatoires et le trouble général de l'œil.

La deuxième (état) par la concentration de ce trouble et par la condensation de l'humeur sous *forme de nuages* où *flocons blanchâtres* qui flottent dans les chambres de l'œil ou bien se déposent à la manière d'un précipité au bas de la chambre antérieure, et qui donnent au fond de l'œil une *couleur feuille morte*, pendant ce temps l'œil s'éclaircit dans quelques parties et l'inflammation diminue peu à peu.

Dans la troisième période (*dite de déclin*) les flocons ou le dépôt se dissipent et l'œil redevient transparent.

Tels sont les symptômes faisant distinguer la fluxion périodique de l'ophtalmie ordinaire.

Cette maladie peut n'attaquer qu'un œil ou bien les deux, mais elle est toujours plus intense sur l'un que sur l'autre. Après l'accès, l'œil, quoique reprenant sa transparence, ne revient jamais à son état naturel ; il est, suivant la gravité de l'attaque, plus ou moins retiré dans l'orbite ; il paraît toujours moins grand qu'avant l'accès, sa couleur est devenue d'un bleu jaunâtre. Enfin, il arrive d'autres attaques de plus en plus rapprochées abolissant la fonction de l'organe par différentes lésions; la plus ordinaire de ces dernières est l'opacité du cristallin (cataracte).

Quelquefois, il suffit d'un seul accès pour amener la cécité complète, comme d'autres fois il en faut plusieurs.

De l'Épilepsie.

L'épilepsie est une lésion du sentiment et du mouvement (névrose) se montrant par attaques, dans lesquelles il y a abolition subite des sens, accompagnée de convulsions.

Les symptômes sont les suivants; savoir: l'animal tombe quelquefois subitement comme frappé de la foudre, l'œil est fixe et pirouettant dans l'orbite, la bouche se remplit d'écume, la poitrine est oppressée, tout le corps est raide et tremblant, l'animal éprouve des mouvements convulsifs.

Après l'accès, le sujet se relève dans un état général d'abattement; il est comme imbécile; il reprend peu à peu ses facultés, il ne reste plus chez lui aucun indice de la maladie, si ce n'est les plaies ou les contusions qu'il a pu se faire dans sa chute.

Tous les animaux épileptiques ne tombent pas, il y en a qui n'éprouvent, pendant l'accès, qu'un mouvement de recul les obligeant à s'appuyer contre les objets qui les entourent.

Cette maladie est toujours incurable et peut se transmettre par hérédité; ces accès survenant à des époques assez irrégulières sont d'autant plus rapprochés que la maladie est plus ancienne et plus violente; cette irrégularité dans les attaques et la prompte disparition de ces dernières font presque toujours perdre à l'acheteur ses droits en garantie.

De la Morve.

Cette maladie est caractérisée : 1° par un écoulement ayant lieu par les *deux narines* ou bien d'un seul côté, de mucosités plus ou moins abondantes et par une pâleur plus prononcée qu'à l'ordinaire de la membrane du nez (pituitaire) ; 2° par *un engorgement* des ganglions de l'auge (vulgairement nommé ganache), correspondant au côté par lequel l'animal *jette ;* 3° par une *ulcération chancreuse* de la muqueuse recouvrant l'intérieur des cavités nasales d'un seul ou des deux côtés.

Le cheval peut être morveux sans présenter ces trois signes ; il suffit, s'il a les apparences de la santé, qu'il jette et qu'il soit *glandé* (surtout d'un seul côté), pour qu'il soit considéré comme morveux ou bien *suspect de morve.*

Le jetage peut être suspendu naturellement, les glandes peuvent être extirpées, le chancre lui-même peut n'être pas apparent, parce qu'il est situé trop haut, ou qu'il a été cicatrisé avec intention de cacher le vice. Toutes ces conditions réclament un examen sérieux ; on doit s'apercevoir, dans ce cas, des traces d'un tissu devenu plus fermé par la cicatrisation formant des taches blanches sur la membrane muqueuse.

Les propriétaires ne sont jamais assez compétents pour juger ces lésions, ne devant être appréciées que par un vétérinaire expérimenté, qui doit invoquer, dans le cas de doute, le bénéfice de l'article 7 de l'arrêté du 16 juillet 1784, et déclarer l'animal *suspect de morve.*

Le Farcin.

Cette maladie se présente sous la forme de tumeurs ou boutons durs, plus ou moins adhérents, groupés de différentes manières : cette diversité de formes lui a fait porter les noms de *farcin en masse, en corde, en chapelets,* etc.

Ces boutons, qui disparaissent quelquefois pour reparaître, passent toujours à l'état de suppuration et forment des plaies ulcéreuses plus ou moins profondes ayant ordinairement leurs bords épais et durs.

Cette maladie appartient, comme la morve, à la catégorie des maladies contagieuses (voy. l'art. 8 de la loi) ; elle peut être, dans certaines conditions, confondue avec d'autres maladies de la peau.

La Phthisie pulmonaire ou vieille courbature.

On a réuni sous ce titre toutes les maladies anciennes de poitrine réduisant considérablement la valeur des animaux et pouvant même en occasionner la mort. Tels sont les tubercules constituant à eux seuls une maladie spéciale, la *phthisie pulmonaire*, les vieilles inflammations des plèvres, les hydropisies de poitrine, la suppuration ou l'induration pulmonaire.

Il y a toujours de la fièvre ou de la tristesse si ces maladies sont récentes ; mais si elles sont chroniques, l'animal a les apparences de la santé, et elles ne deviennent visibles et appréciables que lorsque l'animal a été soumis à un exercice plus ou moins pénible. Sous cette influence, sa respiration devient difficile, il sue et se fatigue promptement. A ces signes, l'acheteur devra prendre les meilleures mesures pour faire valoir ses droits en garantie avant les neuf jours.

De l'Immobilité.

On reconnaît cette maladie à la physionomie particulière que présente l'animal ; son air stupide a fait dire à certains marchands qu'il est *imbécile;* son regard est fixe, ses oreilles sont droites et sans mouvement ; quand il mange il a l'air de *dormir,* il tient sa tête *basse et appuyée sur la longe et sur la mangeoire ;* il se jette quelquefois sur ses aliments avec voracité, puis, après quelques coups de dents, *il s'arrête, les laisse tomber, ou les mâche lentement ;* souvent il en garde une partie dans la bouche, ce qui fait dire à certains hommes du métier que l'animal *fume sa pipe.*

Quand on soumet l'animal immobile à l'exercice, à peine s'il écoute la voix de son conducteur ; s'il est excité par les menaces ou par le fouet il part comme un *ressort* pour retomber bien vite dans son indolence ordinaire ; il exécute difficilement ses mouvements surtout quand on l'oblige à *reculer ou bien à tourner sur lui-même ;* dans ces derniers mouvements il traîne *sur le sol* les extrémités antérieures. Si on persiste à l'exercer outre-mesure, il se défend, se renverse et s'emporte sans savoir où il va, entraînant ainsi son conducteur et sa voiture dans des précipices qu'il n'aperçoit pas.

Enfin, quand cette maladie est avancée, l'animal garde assez longtemps la position qu'on lui fait prendre, pour aussi gênante qu'elle soit; ses extrémités peuvent *être portées en avant ou croisées en X* pendant un certain temps.

De la Pousse.

On désigne sous le nom de pousse un *signe particulier* du flanc, qui accompagne ordinairement plusieurs *maladies graves* et réputées incurables. Ce signe n'est pas autre chose qu'un mouvement du flanc interrompu, le plus souvent dans l'expiration qu'on appelle *soubresaut ou coup de fouet.* Ce mouvement brusque *coupe l'expiration en deux temps inégaux ;* le premier court et comme convulsif ; le deuxième plus lent et plus prolongé. Dans ces conditions l'animal présente presque toujours une toux rauque, profonde et quinteuse, *sans rappel,* comme disent certains marchands

de chevaux, c'est-à-dire que l'animal ne s'ébroue pas
(espèce d'éternûment). J'ai vu beaucoup de chevaux pous-
sifs qui s'ébrouaient, mais toujours avec moins de force
qu'à l'état normal.

Cornage chronique.

On appelle *cornage* une difficulté de la respiration qui
s'exécute tantôt avec un ronflement semblable *au bruit
qu'on rend en soufflant dans une corne,* tantôt avec un *siffle-
ment* pénible : cette gêne de la respiration peut devenir
dans certaines conditions assez grave pour déterminer
même la suffocation de l'animal.

Le cornage chronique est toujours dû à une cause per-
manente dont la plus ordinaire est un vice de conformation
dans la trachée, ou bien des polypes dans les cavités
nasales, etc.

Il est souvent utile, pour rendre ce vice apparent, de
soumettre l'animal à certaines conditions : il faut presque
toujours l'exercer péniblement pour s'assurer si ce défaut
existe.

Le Tic sans usure des dents.

Les animaux contractent souvent des habitudes vicieuses
qui portent le nom de *tic*, en appuyant les dents incisives
sur la mangeoire, la longe, le timon de la voiture ou bien
sur d'autres corps se trouvant à leur portée ; cette action
est toujours accompagnée d'*un bruit particulier* produit
par des gaz qui s'échappent de l'estomac (rots) à la suite
d'une contraction répétée des muscles de l'encolure.

A cause de cette habitude les dents incisives s'usent par
le bord antérieur *en biseau :* dans cette condition le vice est
apparent et il n'est pas rédhibitoire. Certains animaux ne
prennent aucun appui sur les corps environnants, mais

ils exécutent les mouvements de l'encolure et font entendre le même bruit : on dit alors *qu'ils tiquent en l'air*.

Les Hernies inguinales-intermittentes.

Des efforts violents peuvent donner lieu à la descente de certains organes du bas-ventre, dans les bourses. Les accidents que l'on appelle hernies constituent, quand ils sont récents, une tumeur qui se montre entre les cuisses ; elle est chaude, douloureuse, et gêne l'animal dans sa marche ; il est rarement exposé en vente dans cet état ; mais au bout de quelques jours l'inflammation disparaît, la tumeur devient molle et sans douleur, présentant de l'empâtement et de la fluctuation, suivant l'organe hernié qui, souvent, remonte dans sa cavité naturelle et reparaît dans certaines circonstances, surtout avec la chaleur et la fatigue : cette dernière condition constitue son intermittence, et rend pour ce motif ce vice rédhibitoire.

Des Boiteries intermittentes pour cause de vieux mal.

On appelle boiteries intermittentes, certaines boiteries anciennes plus ou moins prononcées, qui paraissent et disparaissent dans différentes conditions : ce dernier caractère leur a valu une place dans les cas rédhibitoires.

Il y a de ces boiteries qui n'apparaissent qu'après un exercice assez prolongé : on les appelle *boiterie à chaud*. D'autres, au contraire, ne se montrent qu'au moment où l'animal sort de l'écurie, et elles disparaissent après un certain temps d'exercice : on les appelle *boiterie à froid*. D'autres, enfin, sont dues à des causes apparentes, telles que *suros*, *courbes*, formes, etc., ou bien des *vessigons*, *molettes*, etc. Quand même l'animal ne boiterait pas au moment de la vente, comme il est porteur de tumeurs avertissant l'acheteur qu'il boitera probablement plus tard, il est prudent, pour ce dernier de réclamer une garantie conventionnelle pour prolonger le délai.

Enfin, il existe des boiteries plus graves qui sont produites par la conformation vicieuse du sabot, dont quelques-unes présentent des causes apparentes qui doivent être toujours appréciées par un homme de l'art. Il est souvent très-difficile de bien diagnostiquer les boiteries intermittentes ; cet examen réclame de la part de l'expert la plus grande attention, et surtout beaucoup d'expérience pour reconnaître si l'*intermittence a pour cause un vieux mal, condition* réclamée par la loi.

DEUXIÈME CATÉGORIE.

VICES RÉDHIBITOIRES DE L'ESPÈCE BOVINE.

LA PHTHISIE PULMONAIRE OU POMMELIÈRE.

On entend généralement par phthisie pulmonaire, une maladie qui attaque nos grands ruminants, surtout les bêtes laitières, et qui a son siége dans le poumon et souvent dans les plèvres ; il existe dans ces organes des suppurations, des endurcissements, mais plus souvent une affection tuberculeuse qui remplit le poumon de petits corps durs (composés de carbonate et de phosphate de chaux) qui peuvent se ramollir et former de vastes cavernes.

Dans le début, les signes obscurs, les moyens d'exploration de la poitrine ne sont pas faciles à appliquer à cette période dans laquelle l'animal présente encore les signes de la santé et n'a d'autre symptôme qu'une toux qui n'a pas de caractère spécial.

Lorsque, au contraire, la maladie existe avec ses signes positifs, les symptômes sont tellement apparents que le vice ne devrait plus être considéré comme rédhibitoire ; cette période est caractérisée par une toux faible, traînée et quinteuse, par un jetage purulent par les naseaux, par l'amaigrissement et la fièvre hectique, etc.

L'Epilepsie.

Cette maladie présente dans l'espèce bovine les mêmes signes que pour le cheval ; seulement la respiration est plus gênée, la langue est gonflée et pendante hors de la bouche. (*Voyez pour le cheval.*)

Les suites de la non délivrance après le part chez le vendeur.

Le part est un acte naturel qui ne s'effectue pas heureusement chez tous les animaux ; quelquefois, à la suite de ces difficultés, les enveloppes du fœtus né sont pas expulsées ; ce corps devenu étranger occasionne des accidents plus ou moins graves qui se traduisent par un écoulement de *matières purulentes* par la nature ; si ces matières séjournent trop longtemps il survient une inflammation à la matrice qui peut faire périr l'animal.

Le propriétaire doit faire extraire ce corps le plus tôt possible. Cette opération se fait toujours sans danger quand le séjour n'a pas été trop longtemps prolongé.

Le renversement de l'utérus ou du vagin après le part chez le vendeur.

Quand l'utérus ou le vagin présentent à leur ouverture naturelle une tumeur rouge et arrondie, tumeur qui disparaît et se montre de nouveau dans plusieurs circonstances, on dit vulgairement que la vache *fait la mère ou le boulet;* cet accident arrive surtout quand la vache a beaucoup mangé et qu'elle est couchée. La rentrée de la matrice et du vagin s'opère assez souvent sans difficulté, mais dans ce cas le renversement se renouvelle facilement, et présente chez certains sujets un état habituel.

TROISIÈME CATÉGORIE.

VICES RÉDHIBITOIRES DE L'ESPÈCE OVINE.

LA CLAVELÉE.

La clavelée, ou petite vérole du mouton, est caractérisée par des boutons se montrant sur toutes les parties du corps et principalement là où la peau est fine ; ce bouton qui est d'abord rouge, blanchit bientôt, se dessèche en une croûte qui, après sa chute, laisse une marque sur la peau.

La maladie n'attaque pas tout le troupeau à la fois, mais en trois parties ou trois *lunes,* d'une durée de vingt-cinq à trente jours, et se prolonge jusqu'à près de trois mois.

C'est une des maladies les plus contagieuses; elle est reconnue rédhibitoire du moment où un seul animal en est attaqué et que le troupeau porte la marque du vendeur. (art. 1er).

Le sang de rate.

Le sang de rate présente les symptômes suivants: les flancs de l'animal sont très-agités, la bouche devient brûlante et remplie d'une bave écumeuse, il s'écoule par les naseaux des mucosités sanguinolentes ; on remarque dans les excréments des stries sanguines. Ce dernier symptôme a fait désigner cette maladie sous le nom de *mal rouge, maladie de sang.*

La marche de cette maladie est toujours rapide : elle frappe de mort presque subitement les animaux les plus vigoureux, les plus faibles languissent pendant quelques jours.

Pour obtenir la rédhibition, il faut que la maladie ait fait périr, dans le délai, un quinzième au moins du troupeau, et que ce dernier porte la marque du vendeur (art. 1er).

Manière de procéder pour faire valoir ses droits en garantie dans le cas de vices rédhibitoires.[1]

Lorsque l'acheteur se sera aperçu, dans le délai légal, de quelques signes ou symptômes des maladies que nous venons de décrire, lui donnant quelque soupçon sur leur existence, il devra faire visiter son animal le plus tôt possible par un vétérinaire ; si ce dernier a confirmé le vice, l'acquéreur doit se rendre de suite chez le vendeur (quand cela est possible), de manière à s'entendre avec lui et l'engager à terminer l'affaire à l'amiable devant des arbitres.

Procédure devant des Arbitres.

Cette procédure, qui est dans les termes et l'esprit de la loi (Code de procédure civile, art. 1003 et suivants), doit toujours être adoptée de préférence aux autres par l'homme raisonnable et de bonne foi, parce qu'elle est la plus simple, la plus sûre et la moins dispendieuse.

---

[1] Pour cette partie, j'ai dû consulter des auteurs et des personnes spécialement versés dans cette matière.

En effet, du moment que les conclusions de l'expert font la *base* du jugement des tribunaux, que la loi est précise, pourquoi, après que l'expertise a constaté l'existence du vice, passer par les tribunaux qui ont toujours des formes plus lentes et plus dispendieuses? Du moment que le juge n'a plus qu'à appliquer la loi, d'après le rapport de l'homme de l'art, la procédure devant arbitre devient la meilleure et la plus raisonnable, puisque, par une convention entre les parties, les experts appelés peuvent devenir leurs juges si elles leur confèrent ce droit.

Dans le cas où les parties comprendraient l'intérêt qu'elles ont de terminer leur différent par un arbitrage et se décideraient d'un commun accord à accepter ce mode de jugement, elles doivent faire choix d'un ou trois arbitres (vétérinaires), par un acte écrit que l'on nomme *compromis* (Code de proc. civ., art. 1006).

Le compromis doit contenir : 1° les noms, prénoms, etc., des parties et des arbitres ; 2° la désignation de l'objet, (signalement de l'animal) ; 3° le point litigieux (les cas rédhibitoires) et l'étendue des pouvoir conférés aux arbitres ; 4° le délai dans lequel la décision devra être rendue ; 5° la renonciation à l'appel et à toute espèce de recours ; 6° en cas de partage (s'il y a deux arbitres), la nomination d'un tiers ou la faculté accordée à ceux-ci de le désigner eux-mêmes.

Sous peine de nullité le compromis doit être fait en autant d'originaux qu'il y a de parties ayant un intérêt distinct, et chaque original doit contenir la mention du nombre de ceux qui en ont été faits.

Cet acte peut être fait par un procès-verbal devant les experts choisis, ou devant notaire, ou sous signature privée (Code de procédure civile, art. 1005) ; dans tous les cas,

9

il doit être écrit sur papier timbré et soumis à l'enregis-
trement avant d'être remis aux arbitres.

L'acte signé, l'arbitre ou les arbitres entendent les
parties, procèdent à l'examen de l'objet, demandent, s'il y
a lieu, une prolongation de délai qui leur est accordée sous
la forme prescrite par le compromis lui-même, et prononcent définitivement s'ils sont d'accord dans les limites de
leurs pouvoirs qu'ils ne peuvent dépasser (Code de proc.
civ., art. 1012).

Dans le cas où il y aurait deux arbitres de nommés, ils
peuvent être en divergence d'opinion; le compromis doit
prévoir ce cas ; alors les deux experts exposent dans deux
procès-verbaux séparés leurs avis motivés, et le tiers désigné,
après avoir conféré avec ces derniers (art. 1018), avoir pris
connaissance de leurs actes et examiné l'animal, se prononce souverainement en adoptant l'avis de l'un d'eux.

C'est ici le moment de faire appel au bon sens des parties;
je demanderai à celles qui refuseraient d'adopter une
pareille forme de jugement : quelle garantie plus grande
trouverait-on devant les tribunaux ? Aucune, rien qu'une
procédure beaucoup plus lente et toujours plus onéreuse.
Aussi, nous ne saurions trop engager les parties intéressées dans cette question à adopter toujours cette manière
de procéder, elle est la meilleure sous tous les rapports ;
j'ajouterai même que pour des gens raisonnables il ne
doit pas y en avoir d'autre.

Les parties exécutent sur le champ ce jugement (article 1016, Proc. civ.); si l'une d'elles s'y refusait, la sen-
tence serait déposée, dans les trois jours, au greffe du
tribunal de première instance, dans le ressort duquel elle
a été rendue, et son exécution aurait lieu selon les
formes ordinaires. (Proc. civ., art. 1020).

Nous terminons la procédure devant arbitre, en donnant la formule d'un compromis pour la nomination d'un ou plusieurs arbitres.

Compromis.

Nous, soussigné,......, vendeur d'une part, et......., acheteur d'autre part, avons convenu ce qui suit : l'animal (désignation, signalement) qui fait entre nous le sujet d'une contestation pour cause de vices rédhibitoires sera visité par M. N....., que nous nommons arbitre, à l'effet de prononcer, s'il y a lieu, la résiliation de la vente ou la diminution du prix, après avoir estimé l'animal ; enfin, de nous concilier par tous les moyens qu'il jugera convenables.

Renonçant à l'appel de son jugement, qui sera définitif, et devra être rendu dans le délai de neuf jours, ou :

Nommons M. N...... et M. T......, à l'effet de terminer notre contestation par toutes les voies qu'ils jugeront convenables, et, en cas de partage, nommons pour tiers-arbitre M. X....., ou les autorisons à désigner un tiers-arbitre dont la décision sera sans appel, ainsi que nous le déclarons, et devra être rendue dans le délai de.....

Fait double à..... le.....

(Signature de l'Acheteur.)   (Signature du Vendeur.)

Procédure devant un Juge de Paix.

Si la valeur de l'animal en contestation dépasse le taux de la compétence du juge de paix, les parties pourront comparaître volontairement devant lui sans citation préalable, pour faire prononcer sur leur différent. (Art. 9 du Code de proc.). Dans ce cas, le juge de paix désigne les experts, règle la marche de la procédure et rend sa décision, qui est exécutée sans que le dépôt préalable en soit effectué au greffe du tribunal de première instance.

Les experts procèdent à l'examen et dressent leurs rapports comme précédemment, et le juge de paix prononce le jugement.

Jusque-là, il est bien entendu que nous avons supposé que les parties se présentaient volontairement devant le juge de paix pour obtenir un arrangement à l'*amiable*. Mais il peut arriver que l une de ces parties refuse d'accepter ce mode de procédure ; dans ce cas, si l'animal était d'une valeur de plus de 200 fr., il faudrait de suite porter l'affaire aux tribunaux compétents, puisque la somme que je viens d'indiquer est la limite des attributions du juge de paix.

Cependant, si le demandeur voulait essayer de l'épreuve de la conciliation, il faudrait que la citation fût donnée devant le juge du domicile du défendeur ; s'il n'a pas de domicile, devant celui de sa résidence. (Art. 2, Code de proc. civ.)

Procédure judiciaire.

Comme on le voit, jusqu'ici nous n'avons indiqué aux parties que les moyens pour éviter les contestations judiciaires, soit par la nomination de leurs arbitres, soit en conférant *sans citation préalable* au juge de paix le pouvoir de terminer leur différent.

Mais il peut se faire que les parties ne puissent s'entendre de cette manière, alors les formes de la procédure changent complétement, et on ne pourra faire valoir ses droits en garantie qu'en suivant la marche déterminée par la loi du 20 mai 1838 sur les vices rédhibitoires, qui se trouve toute tracée dans le contenu de l'art. 5 de la même loi. *(Dans*

tous les cas, l'acheteur, à peine d'être non recevable, sera
tenu de provoquer, dans les délais de l'art. 3, la nomination
d'experts, chargés de dresser procès-verbal. La requête sera
présentée au juge de paix du lieu où se trouvera l'animal).

(Ce juge nommera, suivant l'exigence des cas, un ou trois
experts, qui devront opérer dans le plus bref délai.)

L'acheteur qui veut engager sa demande en résiliation
ne doit pas manquer strictement à la disposition de cet
article et s'y conformer dans le délai prescrit par l'art. 3 de
la même loi.

Il ne faut pas perdre de vue que la nomination des experts
par le juge de paix, et l'expertise elle-même, ne sont que
des mesures provisoires et qu'elles ne constituent pas
l'*introduction* de l'instance et ne dispensent pas l'acheteur
de porter son action en justice, toujours dans le délai
prescrit par l'art. 3, à peine d'être déchu de son droit en
garantie.

D'après ces dispositions, on voit qu'il est de la plus
grande importance que l'acheteur s'assure le plus tôt possible de l'existence du vice rédhibitoire et provoque dans les
premiers jours du délai la nomination d'expert ; dans ce
cas, le vendeur étant instruit avant l'expiration de ce délai,
il est probable qu'il s'empressera de reprendre son animal,
surtout si le rapport de l'expert confirme le vice ; il ne
voudra pas courir les chances d'un procès dont le succès,
pour lui, serait fort incertain.

Il y aurait toujours inconvénient pour l'acheteur d'attendre les derniers jours de délai pour obtenir cette vérification,
car il arrive souvent que l'expert ou les experts ne peuvent
donner leur avis à la première visite ; le demandeur ne
sera pas moins forcé d'agir judiciairement avant l'expiration
du délai qui prescrit la déchéance de ses droits.

Procédure devant les Tribunaux de Commerce et de Première Instance.

La compétence est la même ; ils prononcent sans appel sur les matières dont la valeur n'excède pas 1,500 francs, et à charge d'appel pour les objets au-dessus de 1,500 francs. Les formes de la procédure diffèrent dans ces deux tribunaux. En matière civile, c'est le tribunal du *domicile du défendeur* qui est seul compétent ; tandis qu'en matière commerciale, l'acheteur a le droit de porter sa réclamation, soit à ce *premier* tribunal, soit à *celui* de l'arrondissement duquel la promesse de vente a été faite et la marchandise livrée; soit, enfin, à celui de l'arrondissement duquel le *paiement* devait être effectué (art. 420. Code proc.)

On ne peut avoir recours au ministère des avoués qui n'ont pas le droit de postuler, en cette qualité, devant cette juridiction exceptionnelle : leur assistance est indispensable près le tribunal de première instance.

Pour être justiciable du tribunal de commerce, le défendeur doit être marchand de chevaux ou de bestiaux ; toute autre personne rentre sous la juridiction du tribunal civil.

Pour éviter des frais et les lenteurs des formes ordinaires des tribunaux, la loi du 20 mai 1838 dispense le demandeur des préliminaires de la conciliation.

L'affaire en instance doit être portée directement devant la juridiction compétente ; le jugement intervient sans autre procédure qu'un *acte d'ajournement* ou *citation* donnée par huissier.

Le demandeur, en présentant sa requête au président du tribunal, devra solliciter la faveur d'une assignation à bref délai, pour rendre la procédure plus expéditive et plus économique; on pourra ainsi diminuer les frais de fourrière ou de traitement dans le cas de maladie.

L'affaire ayant été engagée par *citation*, le tribunal prononce son jugement d'après le rapport fait par les experts déjà nommés, ou à l'aide de tous autres documents qui peuvent exister au procès. Dans le cas où le tribunal ne se trouverait pas assez éclairé, il ordonne une nouvelle vérification selon le besoin de la cause ; les tribunaux de commerce renvoient quelquefois les parties devant un *arbitre rapporteur* pour les concilier, si faire se peut, si non faire un rapport au tribunal.

En résumé, lorsqu'un acheteur se croit dans le cas prévu par la loi, s'il ne lui est pas possible de faire un arrangement à l'amiable, devant des arbitres ou par l'intermédiaire du juge-de-paix, il doit demander la vérification du fait en présentant une requête au juge-de-paix du lieu où se trouve l'animal. Dans le cas où les conclusions du procès-verbal de l'expert lui sont favorables, il en donne avis au vendeur si c'est possible, pour connaître s'il a l'intention d'arriver à la résiliation sans autres frais; si ce dernier refuse, il doit se hâter, avant l'expiration du délai légal, de lui faire donner la citation par huissier, et se présenter à l'audience du tribunal compétent pour entendre prononcer le jugement.

En même temps qu'il forme sa demande, l'acheteur doit mettre l'animal en fourrière dans de bonnes conditions, afin qu'on ne lui impute pas les circonstances aggravantes du mal s'il en arrive. Il doit se rappeler qu'il faut demander au tribunal l'*ajournement à bref délai* pour éviter des frais.

Formule d'une requête ou demande d'exercer son action en garantie.

A M. le *Juge-de-Paix* du canton de... *arrondissement de*...
département de...

Le sieur L. M....., marchand de chevaux, demeurant à....., a l'honneur de vous exposer que le...... mil huit cent...... il a acheté du sieur Emile C......(profession), demeurant à....., un cheval, (un bœuf, un troupeau, etc.), (signalement), moyennant la somme de....., (payée comptant ou payable à telle époque); que cet animal (bœuf, cheval ou âne) lui semble atteint d'un vice rédhibitoire, désigné sous le nom de..... (morve, pousse, etc.).

C'est pourquoi le sieur L. M..... requiert qu'il vous plaise, Monsieur le Juge–de–Paix, de nommer un ou plusieurs experts pour constater les vices rédhibitoires dont il peut être affecté, et dresser procès–verbal sur lequel il sera statué ce que de droit.

Fait à....., le.....

(*Signature du Requérant.*)

NOTA. — Cet acte doit être fait sur papier timbré.

Formule d'un procès-verbal d'expertise.

Je soussigné, A. S..... vétérinaire, demeurant à....., expert nommé par ordonnance de M. le Juge–de–Paix du canton de....., en date du....., enregistrée et rendue par suite d'une requête présentée le..... par B... (noms, qualités et demeure du requérant), à l'effet de visiter l'animal désigné dans la requête, constater son état, faire connaître s'il est atteint de la pousse ou de tout autre vice rédhibitoire, vendeur présent ou dûment appelé, et du tout dresser procès-verbal, après avoir prêté serment,

Me suis transporté le..... mil huit cent....., à..... heures du....., au domicile de M. B....., qui m'a présenté une (jument ou cheval) (signalement), laquelle (jument) le sieur B..... m'a dit être celle qui fait l'objet de la requête, et l'avoir achetée le..... du sieur C..... (noms, qualités, domicile du vendeur).

Le sieur C....., invité par une sommation à se trouver à

ma visite, a comparu et a bien reconnu ladite jument pour
être celle qu'il a vendue audit sieur B..... à l'époque pré-
citée et qui fait présentement l'objet de la contestation.

J'ai visité ladite jument et j'ai reconnu qu'elle est dans un
état apparent de santé ; puis après l'avoir examinée successivement au repos, à un exercice au trot de douze minutes
environ et pendant l'action de manger l'avoine, j'ai constaté
que les mouvements du flanc étaient irréguliers, saccadés et
entrecoupés par le *soubresaut* de la pousse.

J'estime, en conséquence, que la jument soumise à mon
expertise est atteinte du vice rédhibitoire désigné sous le
nom de pousse.

Dressé le présent procès-verbal à.. le.. mil huit cent..

(*Signature de l'Expert.*)

Nous allons faire connaître *quelques points de jurisprudence
concernant la vente en général et celle des animaux en particulier.* [1]

§ Ier. — La vente est parfaite entre les parties, dès qu'on
est convenu de la chose et du prix, quoique la chose n'ait
pas été livrée ni le prix payé ; car, ces points convenus, la
promesse de vente vaut vente. (Code civil, articles 1583
et 1589.)

§ II. — Si la promesse de vente a été faite avec des arrhes,
chacun est libre de s'en départir : celui qui les a données en
les perdant, l'autre en en restituant le double. (Art. 1590.)

Les arrhes lient donc moins les parties que la simple promesse de vente. C'est une erreur commune à quelques acheteurs de croire le contraire et de ne considérer la vente

---

[1] D'après BERNARD.

comme parfaite qu'autant que le prix en a été payé. Le vendeur peut toujours exiger le paiement, dans le cas même où l'animal vendu est affecté d'un vice rédhibitoire, sauf à l'acquéreur son recours en garantie.

§ III. — Lorsque les choses ont été vendues en bloc, la vente est parfaite, quoique ces choses n'aient pas été comptées. (Art. 1585.) Ceci est applicable à la vente d'un troupeau.

§ IV. — L'essai dans les ventes d'animaux suspend la vente jusqu'à ce que cette condition soit remplie. (Code civ., art. 1588.) Alors la vente est parfaite; elle ne peut être résolue que par l'effet de la garantie légale.

§ V. — La délivrance ou le transport de la chose en la possession de l'acheteur, doit se faire dans le lieu où est la chose, au moment de la vente, s'il n'y a stipulation contraire. Si le vendeur manque à le faire au temps convenu, l'acheteur peut, à son gré, demander sa mise en possession ou la résolution de la vente. Dans tous les cas, le vendeur doit être condamné aux dommages-intérêts, s'il résulte un préjudice pour l'acquéreur du défaut de délivrance au terme convenu. (Code civil, articles 1609 et suivants.)

§ VI. — La chose doit être délivrée avec ses accessoires et tout ce qui est à son usage perpétuel dans l'état où elle se trouvait au moment de la vente. (Art. 1614 et 1617.)

§ VII. — L'acheteur n'a qu'une obligation, celle de payer le prix de la chose au temps et au lieu réglés par la vente. Celles du vendeur sont plus étendues.

Il doit à l'acheteur : 1° la garantie des vices cachés, tels qu'ils sont réglés par la loi ; 2° la paisible possession de la chose ou la garantie en cas d'*éviction*. L'éviction, en fait d'animaux, ne porte que sur ceux qui ont été perdus ou volés.

En fait de meubles, la possession vaut titre, néanmoins celui à qui on a volé un animal ou qui l'a perdu, peut le *revendiquer* pendant trois ans, sauf le recours de l'acheteur contre le vendeur.

Cependant si l'animal a été vendu publiquement dans les foires et marchés, la revendication n'a plus lieu, et le propriétaire ne peut le reprendre qu'en restituant à l'acquéreur le prix qu'il a coûté. (Art. 2279 et 2280.)

§ VIII. — Le vendeur a encore une obligation : il doit expliquer clairement ce à quoi il s'oblige. Tout pacte obscur ou ambigu s'interprète contre lui.

§ IX. — Si le vendeur connaissait les vices de la chose, il est tenu, outre la restitution du prix qu'il en a reçu, de tous les dommages et intérêts envers l'acheteur. (Art. 1645.) Un cheval est immobile, s'emporte et brise la voiture, un animal atteint de morve la communique. Ce sont autant de cas où il y a lieu à des dommages et intérêts.

Si le vendeur ignorait les vices de la chose, il n'est tenu qu'à la restitution du prix et au remboursement des frais de la vente. (Art. 1646.)

Le vendeur, disent les jurisconsultes, est toujours censé connaître les vices de la chose, quand même il ne l'aurait eu que peu de temps en sa possession, parce que, dans ce cas, il conserve son recours contre le premier vendeur.

§ X. — Quand le vendeur ne veut pas se soumettre à la garantie légale pour tous les vices ou pour quelques-uns qu'il connaît ou qu'il ignore, il doit exiger de l'acheteur un billet de non-garantie bien spécifiée, sinon la première aurait son effet. (Voyez le modèle que nous avons donné à ce sujet.)

§ XI. — En général, il faut distinguer si, par les termes

du traité qui varient à l'infini, ou par l'intention des parties, les choses ont été vendues comme *divisibles*, ou non, et cela indépendamment de leur estimation collective ou individuelle. Ainsi, une paire de bœufs de travail, un attelage de deux chevaux sont considérés comme *choses indivisibles*, leur ensemble formant une valeur intrinsèque, la rédhibition d'un animal entraîne de droit la rédhibition de l'autre.

La garantie a lieu non-seulement pour les choses principales de la vente mais encore pour les choses accessoires, pourvu qu'elles y soient *spécialement* comprises.

§ XII. — A dater de la demande en garantie, la propriété de l'animal étant en litige, il doit être mis en fourrière, et les frais de nourriture ne comptent que depuis cette époque; avant la mise en fourrière, le service de l'animal est censé avoir indemnisé de son entretien.

Si, après avoir formé sa demande, l'acheteur continuait à faire travailler l'animal comme s'il n'était pas malade, cet acte de propriété porterait préjudice à ses droits. Cependant le travail peut n'être pas nuisible à l'animal, et les parties feront bien de s'entendre à cet égard, pour ne pas ajouter aux frais du procès ceux de la fourrière.

§ XIII. — La garantie n'a pas lieu dans les ventes faites par autorité de justice. (Art. 1649.)

Les autorités civiles et militaires vendent aussi sans garantie des animaux provenus des réformes dans les régiments, les haras, etc.; mais on a soin d'en prévenir le public par la voix du commissaire-priseur, sans cela, la garantie légale aurait son cours.

§ XIV. — Dans aucun cas, les maladies contagieuses ne peuvent être exceptées de la garantie, ni par con-

vention, ni même dans les ventes par autorité de justice.
(Voyez l'art. 7 de l'arrêt du 16 juillet 1784.)

§ XVI.— L'usage, à Paris, est de n'admettre la demande
en résiliation que pour les animaux dont la valeur s'élève
au-delà de 50 francs ; au-dessous, ils sont censés être
vendus pour l'écarrissage.

DERNIER CONSEIL A L'ACHETEUR.

En terminant ce chapitre nous ferons quelques observations dans l'intérêt de l'acheteur qui est détenteur d'un
animal en instance pour vice rédhibitoire. C'est qu'il doit
intenter son action le plus tôt possible, et faire constater
légalement le vice dans le délai voulu, par des *experts vétérinaires* chargés de dresser procès-verbal et *nommés d'office* ;
ne pas chercher à obtenir de ces derniers, comme cela se
fait quelquefois, de simples certificats ou bien des décla-
rations qui n'ont en justice aucune importance ; du reste
ces pièces doivent toujours être refusées par l'homme
de l'art.

L'acquéreur se rappellera, de plus, que l'animal dont il
est le détenteur pendant qu'il est en contestation rédhibitoire, ne doit subir, par son propre caprice, aucune détério-
ration ni aucun changement pouvant diminuer la valeur
commerciale qu'il avait avant de l'acquérir.

Car, suivant la jurisprudence de certains tribunaux de
commerce, *couper les oreilles ou la queue* d'un animal que
l'on vient d'acheter, constitue un acte de propriété qui
annule le recours en garantie. Si l'on a raccourci *un peu
la queue*, on doit une indemnité.

Je crois que dans l'appréciation de ces changements, on

fera bien de tenir compte de cet adage : Que ce qui améliore ne vicie pas. C'est pourquoi on ne doit rien pour avoir *fait les crins* ou toute toilette avantageuse pour l'apparence de l'animal.

Modifications de la loi sur les vices rédhibitoires, annoncées dans le nouveau projet de loi de Code rural.

Ces modifications de la loi du 29 mai 1838 n'étant qu'à l'état de *projet*, nous nous contenterons de les indiquer, sans nous livrer à aucune réflexion à ce sujet; toute appréciation sur ce point nous paraît pour le moment complétement inopportune : attendons pour cela que le projet devienne une loi.

Titre VIII.

Des vices rédhibitoires dans les ventes d'animaux domestiques.

ART. 83.

A défaut de conventions contraires, et sans préjudice des dommages-intérêts qui sont dûs s'il y a délit ou dol de la part du vendeur, seront réputés vices rédhibitoires et donneront seuls ouverture à l'action résultant de l'art. 1641 du Code civil, dans les ventes ou échanges des animaux domestiques, les maladies ou défauts ci-après, savoir :

Pour le *Cheval*, l'*Ane* et le *Mulet*, la morve, le farcin, l'immobilité, l'emphysème pulmonaire, le cornage chronique, le *tic avec* ou sans usure des dents, les boiteries anciennes intermittentes, la méchanceté, la rétivité caractérisée par le refus de l'animal de se laisser utiliser au service auquel il est destiné.

Pour l'espèce Bovine, la non-délivrance, si le part est *antérieur à la livraison.*

Pour l'espèce Ovine, la clavelée : cette maladie, reconnue chez un seul animal, entraîne la rédhibition de tout le troupeau.

Le *sang de rate* : cette maladie n'entraînera la rédhibition de tout le troupeau qu'autant que, dans le délai de la garantie, la perte s'élèvera au quinzième au moins des animaux achetés. Si la perte est moindre, la rédhibition n'est admise, pour l'espèce ovine, que si le troupeau porte la marque du vendeur.

Pour l'espèce Porcine : la ladrerie.

La nomenclature des vices rédhibitoires peut être modifiée par des règlements d'administration publique.

Art. 84.

L'action en réduction du prix, autorisée par l'art. 1644 du Code civil, ne pourra être exercée dans les ventes et échanges d'animaux énoncés à l'article précédent.

Art. 85.

Le délai pour intenter l'action rédhibitoire sera de neuf jours francs, non compris le jour fixé pour la livraison, à moins qu'un autre délai n'ait été convenu.

Art. 86.

Si la livraison de l'animal a été effectuée, ou s'il a été conduit, dans les délais ci-dessus, hors du lieu du domicile du vendeur, les délais seront augmentés, à raison de la distance, suivant les règles de la procédure civile.

Art. 87.

Dans tous les cas l'acheteur, à peine d'être non-recevable, sera tenu de provoquer, dans les délais de l'art. 85, la nomination d'experts chargés de dresser procès-verbal ;

la requête sera présentée, *verbalement* ou par écrit, au juge du lieu où se trouve l'animal ; ce juge constatera dans son ordonnance la date de la requête et nommera immédiatement un ou trois experts, qui devront opérer dans le plus bref délai.

Ces experts vérifieront l'état de l'animal, recueilleront tous les renseignements utiles, donneront leurs avis, et, *à la fin* de leur procès-verbal, affirmeront par serment la sincérité de leurs opérations.

Art. 88.

Le vendeur sera appelé à l'expertise à moins qu'il n'en soit autrement ordonné par le Juge-de-Paix, à raison de l'urgence et de l'éloignement.

La citation doit être donnée au vendeur dans le délai déterminé par les art. 85 et 86, et l'avertir qu'il sera procédé en son absence.

Si le vendeur est appelé à l'expertise, la demande pourra être signifiée dans les trois jours, à compter de la clôture du procès-verbal, dont la copie sera signifiée en tête de l'exploit.

Si le vendeur n'a pas été appelé à l'expertise, la demande devra être faite dans les délais fixés par les art. 85 et 86.

Art. 89.

La demande est portée devant les tribunaux compétents, suivant les règles ordinaires du droit.

Elle est dispensée de tout préliminaire de conciliation, et devant les tribunaux civils elle est instruite et jugée comme matière sommaire.

Art. 90.

Si l'animal vient à périr, le vendeur ne sera pas tenu de la garantie, à moins que l'acheteur n'ait intenté une action régulière dans le délai légal et ne prouve que la perte de l'animal provient d'une des maladies spécifiées dans l'article 83.

Art. 91.

Le vendeur se dispense de la garantie résultant de la morve et du farcin pour le cheval, l'âne et le mulet, et de la clavelée pour l'espèce ovine, s'il prouve que l'animal, depuis la livraison, a été mis en contact avec des animaux atteints de ces maladies.

Art. 92.

Sont abrogés tous les règlements imposant une garantie exceptionnelle aux vendeurs d'animaux destinés à la boucherie.

Comme on le voit, ce projet apporte des modifications importantes à la loi du 20 mai 1838, autant sous le rapport de la nomenclature des vices rédhibitoires que sous le rapport du mode de procédure. Sans avoir la prétention de contester les motifs de ces changements, nous dirons seulement que, si nous sommes heureux de voir figurer quelques vices nouveaux dans la nomenclature, nous sommes étonnés de la soustraction de certains défauts rédhibitoires graves, diminuant considérablement la valeur de l'animal et ayant des symptômes assez caractéristiques pour être facilement diagnostiqués par l'expert : tels que la pousse, la fluxion périodique. Il est vrai que, d'après le projet, la nomenclature des vices rédhibitoires peut être modifiée par des règlements d'administration publique.

10

Avant de nous livrer à d'autres réflexions à ce sujet, il est bon, je crois, d'attendre la discussion éclairée de cette loi au Corps législatif, qui apportera probablement quelques nouvelles modifications à ce projet.

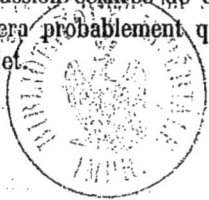

FIN.

TABLE DES MATIÈRES.

Troisième Partie :

AGEN. — IMPRIMERIE DE PROSPER NOUBEL.